地方志災異資料叢刊

第二編

11

于春媚 賈貴榮 編

國家圖書館出版社

第十一冊目録

江蘇省

【同治】續纂江寧府志

（清）蔣啟勳、趙佑宸修　（清）汪士鐸等纂

清光緒七年（1881）刻本

續纂江寧府志卷之十

大事表

嘉道中士就於所業足不出鄉里而　朝廷政事之大不與方域風俗之盛衰皆其所弗識及乎粵逆之亂稍稍畏矣奔走四出遠者數千里近亦千里若數百里耳目於是一擴焉而故郡久陷雖克復欲迹其終始暨得失所由可資載筆者顧又不能無闕夫三十年一世其閒郡事興替風俗轉移可勝慨哉而吏牘無可稽所隸之縣亦若是此記載之無如何者廑掇拾一二以繼前志作續大事表呂志止於乾隆六十年未詳其義例也故爲著之

嘉慶十六年（河決王家營百齡以總督治河）重光協洽之歲

謹案乾隆元年

詔凡遇蠲免以奉　旨之日爲始其奉　旨之後部文未到之前如有已輸在官者准作次年正賦永著爲令按見上海縣志卷五之首錄之以備查檢

總督百齡字菊溪

十七年王家營合龍　元默涒灘之歲

小旱井無水

江浦知縣丁猷駿修學宮

十八年　昭陽作詻之歲

主試會稽茹棻字古香南昌黃中模字範亭初九辰時始封門監臨被劾

捕妖言朱毛里

水月庵僧鏡澂以術見捕妖人方榮升黨類并獲審實磔之

總督百齡協辦大學士

十九年　閼逢閹茂之歲

大旱賑饑甚周乾隆乙巳後第一奇災凡賑貧民十七萬餘口

發倉米平糶四城分設

恩免錢糧十之六

脩府學

賜上元伍長華一甲第三名及第

義捐極眾餘銀二萬奇存典生息備荒

建正覺寺於門東爲鏡微也

立老人崇義清節三堂在同光寺前子巷油坊巷

二十年　旃蒙大淵獻之歲

三月板巷火有死者民李位三宅以磷硝剉也

旱大疫

二十一年　柔兆困敦之歲

主試蕭山湯金釗字敦甫錢塘陸言字心蘭

貢院改鑿水池於東龍腮牆外原在西也

總督松筠字湘浦

二十二年　强圉赤奮若之歲

巡道方體浚運瀆用宋張孝祥言也

旌孝子郭鴻

二十三年　著雍攝提格之歲

恩科主試貴梅帥承瀛字仙舟東陽盧炳濤字秋槎

小旱

脩浦口敵臺

脩上江兩縣學泮宮坊

總督孫玉庭字寄圃

二十四年　屠維單閼之歲

主試蕭山陸以莊字平泉閩縣廖鴻藻字儀卿

恩蠲十年至二十一年未完民欠錢糧銀米孫公祝　報巡撫陳桂森暫署

賚老民絹綿米肉有差

二月朔府學大成殿災

二十五年　上章執徐之歲

小旱

督署大堂及科房災正月　番涇縣民徐飛龍京控案委員推鞫數晝夜不決聞者倦罵

道光元年　重光大荒落之歲

恩科主試蕭山湯金釗前見新建熊遇泰字東岳

賚年老庶民絹綿米肉有差

山田旱

賞給口糧

六合學宮改建於西門高岡

二年　元黓敦牂之歲

主試長白穆彰阿字鶴舫平湖徐士棻字辛庵

加賞旱田民春日口糧

增貢院西供給所號舍維明機神具慎微獨入字

祀端木心貢於孝子祠

三年　昭陽協洽之歲

給水災賑銀

義捐賑及貧士

立免簽快丁碑今存

重脩下江考棚及其西大程子祠學使周系英記某童也

賜江甯周閎麒一甲第三名及第

四年高堰決故水　閼逢涒灘之歲

加賑水災民春日賑銀

燕署火案牘無存

旌孝子倪之鏞

秋溧水疫

五年　旃蒙作噩之歲

主試黃陂劉彬士字璞石新城陳用光字碩士

小水

運河淤塞議行海運戶部尚書英和巡撫陶澍議也

漕督魏元煜字愛軒署總督

六年　柔兆閹茂之歲

總督琦善字靖庵

試行海運治運河

旌孝子甘遐年

清涼山翠微亭發蛟清涼寺九間大殿沖倒三間牆壁俱圯水深數尺入城河

七年　強圉大淵獻之歲

復行河運

八年　著雍困敦之歲

春運陰溧水無麥

主試長白鍾昌字仰山宜黃黃爵滋字樹齋

總督蔣攸銛字礪堂

脩南門關石道江甯縣傳璋有碑

旌孝子楊銓

九年侍逆同張格爾

藩司賀長齡纂經世文編刊以教士

居維赤奮若之歲

十年

藩司賀長齡浚城內外河道

上章攝提格之歲

濟涼門草場人劚地得鐵槌數十枚入縣庫

總督陶澍字雲汀

十一年

重光單閼之歲

水災紳民議閉上水關閘板

免溧水錢糧十之四

八月地震二十四日

主試延津申啟賢字敬汀廣安鄭瑞玉鄉試以水改期九月武闈改亥年三月

總督陶澍兼鹽政

十二年 元默執徐之歲

立豐備倉於石城門街陶公首捐銀五千兩紳士增捐又建廣豐備倉於羅寺灣

三月靜海寺災

恩科主試蕭山湯金釗三見光澤[illegible]文煥字霞城林中丞改歸名章程

十三年 昭陽大荒落之歲

江甯府俞德淵移建鳳池書院於五松園

水高淳溧水給賑秋溧水疫

疏支河至北門橋乾河壩建見山亭

八月文德橋闌圮鈔庫街大火人眾所致溺數十人

重改朝天宮得明永樂告天文石刻

十四年 閼逢敦牂之歲

主試仁和龔守正字季思昆明戴光字晉舫

春雨甚溧水無麥緩其上忙錢糧

十五年　旃蒙協洽之歲

恩科主試華陽卓秉恬字海帆襄陽單懋謙字地山

恩蠲十年以前正耗民欠銀糧及因災緩徵帶徵銀穀並借給籽

種口糧牛具及濳項蘆課學租雜稅以

皇太后六旬萬壽也

旱

十六年　柔兆涒灘之歲

上江兩縣學重建靑雲樓洒埽會也幷廣學額

移八蜡廟於欽天山

十七年　強圉作詻之歲

主試清苑王植字曉林蒙古柏葰字聽濤

上元萬保廷重宴鹿鳴

陶文毅建惜陰書舍於盋山園

脩上江兩縣學魁星閣

安徽紳士廣上江考棚

十八年　著雍閹茂之歲

上江兩縣學新明德堂併志道等四齋洒埽會也

旌孝義甘福

水

江浦縣鄧夢鯉脩文廟告成

高淳民施日堅年百歲

十九年　屠維大淵獻之歲

水

預行子科主試官黃爵滋前見烏程鈕福保字松泉

六月總督陶澍薨巡撫陳鑾字玉生署十一月又薨布政司唐鑑字敬海代折行而河督麟慶字見亭署又以鄧廷楨調補又以本籍同避鄧字嶰筠乃以雲貴總督伊里布字莘農調補二十年春赴清江接印後大閱六月駐蘇州聞定海陷自請赴浙督師而巡撫裕謙字魯山署七月接印明年正月奉旨赴浙巡撫程矞采字晴峯署裕公殉難巡撫梁章鉅字茝林署

二十年 英人擾浙 上章困敦之歲

總督伊里布赴浙督師裕謙署總督

恩科主試長白文慶字孔脩益陽胡林翼字詠芝以水改期如辛丑

水

溧水大水知縣劉佳捐給口糧刊高平義賑錄

免溧水錢糧并加振給

上元黃榮曾重赴鹿鳴

二十一年　重光赤奮若之歲

裕謙補總督

裕謙殉難鎮海謚靖節

水給振高湻

溧水地生毛

總督牛鑑字鏡汀

二十二年　元黓攝提格之歲

六月朔未刻日食既午後非燭無所見一小時許斷明

六月十四鎮江破於英人牛鑑撤兵及火器入城備守禦

城內紳民分段自立保衛防宵小內訌日夜梭巡稽查寺院客寓賭場妓館甚細故四城安堵九月三十撤散保衛

二十八日洋船抵草鞋夾閉城

七月五日洋人占居上元縣丞署在觀音門

藩司黃恩彤親赴洋船撫之十五日洋人輸平燕耆英伊里布牛鑑黃恩彤於其舟二十一日燕洋人於上江考棚二十四日立和約

八月朔陡發大水平地四尺以河決桃源北岸與也

二十五日洋人游正覺寺報恩塔二十九日洋人遵約起椗去

二十三年　昭陽單閼之歲

主試黃縣賈楨字筠堂豐城徐士穀字稼生

閉定淮門

總督耆英字介春嗣赴粵巡撫孫善寶署

二十四年　閼逢執徐之歲

恩科主試平湖徐士棻見前大竹江國霖字雨農

水
總督壁昌字星源
二十五年　旃蒙大荒落之歲
皇太后七旬萬壽一切　恩蠲如十五年例
水
二十六年　柔兆敦牂之歲
主試蒙古柏葰見前廬陵黃贊湯字莘農
二十七年　强圉協洽之歲
是年溧水男丁一十八萬五千一百四十三永不加賦內節年
滋生人丁一十六萬三千六百六十一　按他縣未聞
二十八年湖南雷再浩新甯李沅發等結會匪擾寶慶此亂民之先徵也　著雍涒灘之歲
水

給高寶深水振免徵

裁府照磨缺

總督李星沅字石梧

二十九年粤逆蠢動　屠維作詻之歲

主試長白福濟字元脩濱州杜翮鄉試改期如上二次例

大水平地深丈餘民房僅露屋極城中街衢皆掉瓜皮小艇或乃聚處城上皆徧

給振免徵

三十年揚州運司署災檔案全燬　上章閹茂之歲

藩司徐廣縉議不行大錢

總督陸建瀛字立夫改淮南爲票鹽

奉試文童加試性理論一場縣府試行之

咸豐元年河決豐縣蟠龍集北流之先徵也　重光大淵獻之歲

恩科主試蒙古瑞常字芝生黃陂金國均字可亭

恩免道光三十年以前民欠地丁錢糧

豐工決口總督自請塞之未合龍河遂北流此北流之始

深水麥秀兩岐

高淳韓敬二年百歲

二年　元黓困敦之歲

主試錢塘沈兆霖字朗亭仁和葛景萊字蓬山

總督自請迎剿粵匪明年正月十九日師潰回未練之例兵也

地小震

地生白毛

提督福珠隆阿以其眾來助防明年死之

三年　昭陽赤奮若之歲

正月二十八日粵匪來二月初十日城陷將軍祥厚總督陸建瀛死之

正月溧水地震有聲三月又然

地震

總督怡良四月至駐常州

彗見

欽差大臣向榮統師至三月杪

四年　閼逢攝提格之歲

三月初六日廩生張繼庚謀內應殺賊事洩死之

五年　旃蒙單閼之歲

諸水無故自溢

本科鄉試九年於浙闈補之

六年河決銅瓦廂遂成北徙　柔兆執徐之歲

旱蝗江北大飢

有大星西南流有光芒數丈

向大臣師退守丹陽七月薨於師

欽差大臣怡良署

七年　强圉大荒落之歲

總督何桂清

欽差大臣和春復立營於孝陵衛

八年　著雍敦牂之歲

高淳楊廣瑜妻邢氏年百歲

本科鄉試於同治三年補之

江寧知府鄭濟美設撫卹局暨書院於淳化鎮

九年 屠維協洽之歲

主試商城楊式穀字詒堂長白阜保字蔭芳偕浙闈鄉試

十年 上章涒灘之歲

熒惑有芒 旌上元壽婦馮貽氏五世同堂

欽差大臣曾國藩字滌生總督兩江

十一年 重光作諤之歲

本科鄉試於同治六年補之

浙江巡撫曾國荃率師剿賊駐軍省城南門外雨花山

彗見

同治元年 元黓閹茂之歲

恩科鄉試於九年補之

江南軍營大疫

二年　昭陽大淵獻之歲

五月十三日浙江巡撫曾國荃提督楊岳斌侍郎彭玉麟攻克燕子磯賊壘

十五日李朝斌成發翔劉連捷攻克九洑洲賊壘

溧水蝗

提督鮑超陸軍渡江會攻金陵

二十七日提督楊岳斌鮑超收復江浦

十月初二日侍郎彭玉麟收復高淳

十二日提督鮑超收復溧水

三年　閼逢困敦之歲

正月二十一日浙江巡撫曾國荃攻克鍾山石壘

三月初七日提督鮑超收復句容

六月十六日浙江巡撫曾國荃收復省城戮洪逆之屍而焚之

脩貢院

恩免府屬四五六等年錢糟三年以前俱蒙恩以兵災豁免

十一月舉行鄉試主試昆明劉崐字蘊齋山陰平步青字枝山

以穀貸䢓農免其繳還因鄉民還倉交收不易甚苦之從邑紳王延長請也

借給府屬七縣牛本籽種

戶部奏請江安兩省道光三十年以前豁免積欠錢糧未題豁者一概免之上海志

浚城內支河

四年　旃蒙赤奮若之歲

浚內河

立普育堂收養難民

復清節堂

復書院以教士鍾山尊經鳳池三書院改建鍾山書院於城西新廊

瘞枯骨

試武月課以靖凱撤將弁

立七屬招墾局

溧水水

總督李鴻章署字少荃

繕城垣壕

借給七縣牛本其後惟江浦令吉昌挪用未繳

十月江浦立昭忠祠

五年七月高郵清水潭河決淮北大水　柔兆攝提格之歲

改建府學於朝天宮故址

立刊官書局

復惜陰書舍以古學教士

六年　强圉單閼之歲

主試南皮劉有銘字鐫山樂陵王榮琯字玉文

增貢院號舍

旱水涸

奏立導淮局或由成子河至桃源或由張福口入清河

三月曾國藩再督兩江

七年　著雍執徐之歲

奸民何至華在冊徒詐稱買墳山開礦鄉民逐之此江以南言挖煤之始故特書之

恩廣學額上元江甯各五名六合六名

恩准抵徵又以水旱如七八九十一十二等年偏災俱蒙蠲免

祀朱桂楨於鄉賢祠

九月總督馬新貽字穀山

奸人呈請在句容寶華山挖煤總督禁之上海人魏鏞也

八年　屠維大荒落之歲

水初道光中常患水東水閘因用石塔塞至是拆去石工仍用閘板

建上江二縣學於舊址

立育嬰堂

高淳重建縣學

九年　上章敦牂之歲

主試長白銘安字鼎臣長樂林天齡字錫三

立會試公車費勒石於府學明倫堂

民間傳言奸拐迷人

南城外大火飛火入城延燒高岡里民舍梅藩司上城親督洋龍救息

浚北河口挑築沙洲圩大埂藉助防軍兵勇力江寧縣知縣莫

祥芝之請也

七月盜張汶祥刺總督於演武廳

賜總督馬新貽謚端敏

將軍魁玉字時若署總督

冬曾國藩三督兩江

浚大勝關河

祀潘鐸於鄉賢祠

脩六合浮橋嗣後三年一脩

脩高淳大小圩工

十年　重光協洽之歲

立勸學官書局在惜陰書舍

浚秦淮至東水關

祀伍光瑜於鄉賢祠

南城外合字營掘地得肉芝人不識也

十一年　元黓涒灘之歲

二月曾公薨於位諡文正

三月何璟字小宋署總督十月以憂去

張樹聲字振軒署總督

府學始習樂舞

祀何汝霖於鄉賢祠

紳民公立民不能忘碑在石城門外爲曾文正公也

十二年　昭陽作噩之歲

主試南皮劉有銘(前見) 安化黃自元字堇畬

總督李宗羲字雨亭

奸民王浩生請在上元句容挖煤制軍禁之

浚上元句容之便民河(在棲霞石埠橋)

祀陳授於鄉賢祠

十三年(日本違約時籌海防)　閼逢閹茂之歲

脩上江兩縣新志(上元莫祥芝 江甯甘紹盤)

築下關烏龍山沙洲圩礮臺

奏建向張二忠武公祠(從邑人請也)

二月六合學宮工竣

光緒元年　旃蒙大淵獻之歲

恩科主試臨桂周瑞清字鑑湖南鄭王炳字竹安

蠲貲一切如道光咸豐元年例

開辦大徵以前皆仿皖章辦抵徵也

溧水丁漕減成徵收

二月劉坤一字峴莊署總督七月總督沈葆楨字幼丹

二年 柔兆困敦之歲

主試仁和龔自閎字叔宇漢軍邊寶泉字潤泉

總督沈葆楨閱兵

有星晝見

溧水丁漕減數徵收

三年 河南飢 強圉赤奮若之歲

旌上元民歐陽國順年百歲

旱

邑紳石楷首倡捐積穀一千石並勸捐五千餘石俱儲廣豐倉

捕蝗蝻

飭江浦防軍開浦口東朱家山河

恩減上元江甯句容江浦六合五縣漕糧十分之三

豫晉兩省饑江甯各屬士民捐貲助振不議獎

十月溧水學宮工竣

四年山西飢　著雍攝提格之歲

上元知縣程遵道議開赤山湖圖說甚詳以費巨未行

掘蝗子

豁除江興二衛快籍編審沈制軍會奏

是年總督司道府縣共捐積穀三千五百石稟儲於紳富捐穀

廣豐備倉內歸紳士經管

旌江甯舉人甘元煥母鄧氏樂善好施額豫饑助振千金也

恩免高湻沈田攤派虛糧仍舊六升六合起科

高湻立禁漁筏碑於當塗界花津護駕墩等處

脩六合通江集圩埂

脩江浦扁擔河

五年直隸水　屠維單閼之歲

主試高要馮譽驥字展雲仁和許有麟字石卿

始籌各書院經費常年專款制軍沈公從紳士石楷籌議也

浚城內河道

沈葆楨薨於位謚文肅

巡撫吳元炳字子健署總督

封烏龍山龍神曰靈護

上元溫葆深重宴鹿鳴　賞給頭品頂戴溫辛巳舉人今光緒七年無科

旌孝子梅纘高

有倡立義渡於下關者止之以礙貧民操舟生計也據云其舟朽敝載人太多于是石紳稟官爲下關大勝關二渡脩整船柁使民賴之而禁其多載

旌候選同知上元吳靖母王氏及江寧文生翁長森母劉氏以樂善好施額各以千金振山西直隸也

脩六合犁園兩圩埂

防軍仍脩六合江浦朱家山水道明年防軍北去而罷

六年　上章執徐之歲

總督劉坤一

賜江寧黃思永一甲第一名及第

上元溫葆深重宴恩榮　賞加太子少保銜溫壬午進士

永禁府屬各山挖煤立石於縣學制軍從紳民請也

重建句容縣學工竣

六合脩三鋪堡培路疏溝設陡門脩圩埂

恩免溧水湖坍浮糧如高淯所云浮糧也

溧水男婦大小人丁六萬八千七百七十二同治十三年知縣丁維濤查凡三萬七千一百八十八日他邑未之聞

秋不雨

旌同知銜湖北候補知縣江甯傅鎔母二品命婦林氏以樂善好施額助直振千金也

(清)唐開陶纂修

【康熙】上元縣志

清康熙六十年(1721)刻本

五行志

洪範以五事配五行其說在夏侯氏漢董仲舒劉歆災對證据春秋宋儒摘其附會盡目爲妄恐非定論也以余所聞天文五星樂律之書詳矣故撰自漢以來災祥之見於史氏者若干事爲一編志五行

水

周孝王十三年大雹江凍

漢呂后三年夏江水溢

八年夏江溢

建興十二年九月隕霜傷穀
延熙四年正月大雪平地三尺
十七年七月江溢
景耀四年五月大雨水泉湧溢
晉大康四年冬揚州大水
元元康五年六月揚州大水詔遣御史廵行賑貸十二
月丹陽建鄴雨雹尋大雪
咸和四年二月大霖雨城中大饑米斗萬錢七月丹陽
大水
咸康八年正月乙未朔京都大雨

永和七年七月濤水入石頭溺死者數百人

太和六年六月京師大水平地數尺浸及太廟朱雀大航纜斷三艘流入大江丹陽諸縣稻稼蕩沒

十二月濤水入石頭

寧康十三年四月祠太廟畢有兎行廟堂上十二月戊子濤水入石頭毀大桁殺人乙未大風晝晦延賢堂災

元興三年二月庚寅夜濤水入石頭商旅方舟萬計漂敗流斷骸胔相望諠譁震天

義熙元年十二月濤水入石頭戍明年亦然

十年五月西明門地穿水湧出

十一年七月京師大水壞太廟所在火起

宋元嘉九年春丹陽雨雹傷人畜

十一年五月建康大水

十九年閏五月丹陽雨水遣使巡行賑郵

二十一年六月建康連雨百餘日大水

二十五年五月黑龍見

泰始三年正月庚午建康大雨雪遣使巡行賑賜各有

差

齊永明八年八月建康霖雨遣中書舍人及長吏賑郵

十年十一月霖雨遣使賑賜建康秣陵居民

梁天監六年三月有三象入建康八月建康大水

普通元年七月江溢

大建九年七月己卯大雨震萬安陵華表

唐貞元二年魚鱉蔽江而下皆無首六月江溢

開成四年夏江溢大水害稼

宋太平興國八年七月江水溢

嘉祐元年五月江溢

建炎二年十月霖雨

隆興二年七月建康大水浸城郭壞廬舍操舟行市者

累日人溺死甚衆詔賑之并各官陳闕失

乾道四年七月建康水

六年五月建康水城市有深丈餘者人多流徙詔被水

縣分人戶今年身丁錢並與放免

淳熙五年閏六月雨雹者再

紹熙五年建康大水賑之仍蠲其賦

嘉定十四年建康大水

咸淳二年五月大雨水遣濟饑民

元元貞元年五月建康水

延祐元年八月建康大水發廩減價賑糶

至正九年七月大霖雨江溢漂没民居禾稼

明洪武九年五月水溢

十年正月雨水如墨汁十月有虎白日入漢西門傷人

宣德十三年龍潭江水奔潰

成化元年七月應天水災

八年七月大風雨江溢議恤之

弘治十八年六月霖雨七月大風拔木

嘉靖三十九年七月江水漲至三山門秦淮民居有深數尺者至九月始退漫及六合高淳冬大雪禽鳥戢翼凍死木冰如花十二月夜震

萬曆十四年五月大雨自初三至十七日城中水高數尺江東門至三山門可行舟

三十五年正月雪後府學前泮池內氷結爲花水紋成匡匡內大花一朶枝梗四出如嘉興錦欽天監占主水兆

三十九年八月秣陵城內磨房豬產一物其形豬也頂上生一目鼻長二寸許

國朝順治二年元旦大雪雷電交作

康熙二年九月大水船行市上較戊申年僅小九寸十月彗星見東南凡五十餘日明年二月復見奉

仁省

正十三年四月雨至六月不止無麥禾米價騰貴太守陳鵬年開倉平糶民用以活嗣後著爲令

火

漢惠帝五年夏大旱江水少

建興十四年自去年不雨至於夏

十五年建業有赤烏群集吳前殿吳主權遂改明年元

延熙八年夏震吳宮門柱又擊南津大橋楹

十二年四月有兩烏啣雀墮吳東館

十三年五月日北至熒惑逆行入南斗

十九年二月建業火

景耀五年二月白虎門北樓災八月大風震電水泉涌溢

炎興元年石頭小城火燒西南百八十丈

建衡元年二月天火燒萬餘家死者七百餘人

晉永嘉三年夏大旱江竭

大興元年六月旱帝親雩十一月巳卯日夜出高三丈

二年丹陽郡吏濮陽楊演有馬生駒兩頭自頸列生而死

太寧二年四月庚子京都大雨雹鷰雀死

太和二年五月京師火又大水

咸康三年旱地生毛

寧康三年十二月神獸門災

太元五年六月震含章殿四柱

十四年七月宣陽門四柱災十二月雨木氷

十六年五月飛蝗從南來集堂邑縣界害苗稼六月有

鵲巢太極殿東鴟

義熙六年震太廟鴟尾宮城及御道左右皆生蒺藜

九年五月京都大火燒數千家

宋元嘉五年正月戊子丹陽火遣使𢕟慰賑賜六月復

大水遣使巡行賑贍丙寅震太廟破東鴟尾徹壁柱

七年建康火延燒大社北墻

二十八年三月乙酉建康大旱民多疾疫

二十九年二月雷雨雪三月大風拔樹五月丹陽霖雨

傷禾稼十二月黃霧四塞

元徽元年八月建康旱

三年正月丹陽大火三月丙寅建康大水遣使檢行賑

賜戊辰火延燒數千家五月雨雹

齊永明六年四月石子岡柏木化爲石

十一年三月震東齊槺崩六月建康霖雨遣使振之

梁普通二年五月琬琰殿火延燒後宮三千餘間

大同三年正月辛丑朱雀門災壬寅天無雲雨灰黃色

十月建康秣陵地震民饑

中大同元年四月丙戌浮圖災梁主曰此魔也更宜廣

爲法事遂起十二層浮圖將成值侯景亂乃止

太平二年十二月庚辰建康大火

陳永定三年正月夜大雪及旦太極殿前有龍跡見閏

四月久不雨如鍾山祭蔣帝廟是日雨至於月晦

大建十年三月震武庫六月大雨震電

十四年四月自建康至荊州江水赤

禎明元年臨平湖開造太皇寺起浮圖未畢火從中起

焚之江自方州東至海赤如血

二年四月有群鼠自蔡洲岸入石頭渡淮至於青塘兩

岸數日死五月東冶鑄鐵有物赤色大如甕自天墜

鎔所有聲隆隆如雷鐵飛出墻外燒民居六月大風

拔朱雀門濤水激入石頭淮渚暴溢漂沒舟乘又府

城自壞青龍出建陽門井中漪赤霧

隋大業十三年自淮及江東西數百里絕水無魚

唐光啓元年正月江水赤凡數日

太和六年二月甲申金陵大火乙酉又大火

保大十一年七月大旱井泉涸民饑疫死者過半

宋至道三年昇州旱除今年秋稅

大中二年四月昇州大旱火遣御史訪民疾苦蠲被火者屋稅

慶曆八年正月江寧府火宮室焚毁殆盡惟南唐玉燭殿僅存

皇祐五年江寧府蝗

熙寧元年江寧府飛蝗自江北來

紹興十一年九月建康大火延燒府治自外門至堂宇皆燬惟軍資庫及大軍庫無損是年大旱

十年建康火

乾道九年旱

淳熙二年建康大旱饑知府事劉珙賑濟之

四年建康雨雹民饑

十年建康旱

慶元六年建康旱賑之

嘉定二年建康蝗旱大饑斗米數千錢人食草木詔收

養遺棄小兒

八年七月建康旱甚發米賑之運使眞德秀合本道義

倉及轉般米一萬斛賑贍仍開東門外新河以[illegible]

力以食饑民

嘉興元年四月建康旱

元元貞二年六月建康蝗發粟賑之

至大二年六月上元蝗

天曆二年旱饑勸率富民賑糧一月

至正元年揚子江一夕忽竭舟楫皆閣於塗中露錢貨

無數蓋累年覆舟遺物也人爭取之潮至輒走潮退

復然累日江始安流識者曰此江笑也然果先失江

南

明洪武三年六月旱

八年八月大旱
二十六年四月大旱求直言錄囚徒
永樂六年府學災
正統十四年六月震雹風雨交作火詔赦賑恤
成化七年民饑遣官巡視府學災
正德四年六月空中有聲自北來如數萬甲兵都民震
恐踰月方止冬大雪樹皆枯死
嘉靖二年大旱米價騰湧人相食遣侍郎席書賑之勅
蠲馬價
二十三年夏秋大旱民饑

二十四年夏大旱

三十八年四月雨雹七月地震

四十二年二月震大報恩寺火作一夕俱燼

萬曆四年三月雨雹十月雷

五年春不雨井泉多竭河可涉

三十四年八月城內大火延燒共十七處空中烟頭交

結三山街延燒至貢院棘墻下

三十六年五月初三日秦淮河乾見底至十三日潮水

忽漲二日夜即平听夏至後大雨半月餘平地皆水

自學宮泛舟直至大殿前江南圩田盡沒江中洲沒

浮屍相續

三十七年有鼠從湖廣涉洞庭至楊子江晝伏夜行尾尾相啣渡水如履平土至所即入人家在野即傷田禾

四十六年二月清明日夜一鼓時東北有星大如斗赤色向南行有聲若雷雞犬皆驚其光燭地纖毫畢見墜於西聲聞者三

四十七年鼠渡江如前

崇禎九年自四月至七月不雨遍野如掃

十三年旱蝗大饑斗米千錢

十六年十一月火藥庫災震驚遠邇傷三十餘人藥之
所激空棺飛過數十家庫梁飛入錦衣衛堂上
國朝順治六年十月初一辛卯日食既晝晦恒星皆見
從午至申市肆皆舉火
七年冬除夕大雪雷電交作
康熙三年三月雨雹
十八年旱民饑採山花臺爲食
二十六年八月蝗集棘院墻揭榜主試撥事分處
三十六年十二月　日大雷雨
木

晉太安元年有石浮來建鄴入秦淮夏架湖登岍二百餘步百姓咸驚譟相告曰石來明年石冰入揚州

宋元嘉二十五年元武湖青龍見

金

漢建興十八年八月白麟見

宋大明元年正月建康雨氷遣使檢行賜以樵米四月丹陽疾疫遣使按行賜給醫藥死而無收者官爲歛埋五月紫氣出景陽樓廻薄久之改爲慶雲樓

五年七月丙辰丹陽雨氷遣使廵行窮斃之家賜以薪粟

泰始二年六月建康雨氷九月建康大風
泰豫元年六月建康雨水詔賑卹二縣貧民
宋紹興七年十二月中書門下省檢校正官張宗元寓
建康槃氷有文如畫花卉茂水華葉相敷日易以水
變態奇出至春暄乃止是年建康疫
淳熙十一年建康雨氷七月禁諸州遏糴詔賑卹之
明萬曆三十三年十月鍾山有白氣如疋練濶丈許從
申至亥先白色日入即黑當獲妖賊劉天緒等正法
天啓元年　月白氣起於翼軫之野初如彗久之漸大
自東北亘天至西北如蚩尤旗占三度半至十月方

没

崇禎八年　月巳午二時白虹貫日虹如連環者二東西三虹如背日在連環交處無光作白色又有大白氣一道貫日與虹中

土

漢延光二年七月丹陽山崩四十七所

建和元年揚州饑遣府掾分行賑

建興九年五月建業有野蠶成繭大如卵

延熙十三年六月丹陽諸山崩鴻水溢

十四年八月朔大風江海涌溢平地水深八尺吳高陵

松栢皆拔郡城南門飛落

吳天璽元年臨平湖塞復開又於湖邊得古石函[illegible]

小石青白長四寸廣二寸許上有刻文作皇帝[illegible]

是改元天璽大赦

建衡三年正月西苑言鳳皇集遂改明年元嗣是郡大

疫逮三年

天紀三年建業有鬼目菜生工人黃耇家依緣棗樹又

有蕒菜生工人吳平家如枇杷形兩邊生葉綠色東

觀案圖名鬼目作芝草蕒菜作平慮草遂以耇為侍

芝郎平為平慮郎皆銀印青綬

晉太康二年二月丹陽地震

五年八月丹陽地震

大興四年八月黃霧四塞

永昌元年八月暴風壞屋拔御道柳樹百餘株其風縱
橫無常若自八方來者十月京師大霧黑氣貫天日
月無光閏十一月京都大旱川谷並竭

太寧元年正月癸巳黃霧四塞京師大火五月丹陽大
水七月丙子朔震太極殿柱

咸和五年無麥禾大饑

咸康九年八月京都地震有聲如雷

寧康元年三月京都大風火大起

太元八年二月黃霧四塞

十五年八月京師地震

十七年六月癸卯地震甲寅濤水入石頭毀大桁漂船

舫有死者冬旱

元興元年十月黃霧昏濁不雨

二年京都大饑人相食

宋元嘉四年五月建康疾疫遣使存問給醫藥無家者

賜以棺器

十二年四月建康地震六月丹陽諸郡大水邑里皆乘

宋

二十四年六月丹陽大水疫癘遣使行郡縣給以醫藥

大明七年四月大風折和寧陵華表鍾山通天臺一夕

飛倒散落山澗

八年冬建業饑米升百餘錢死者十六七相枕於道命

建康秣陵二縣爲薄粥賑之

昇明三年二月地震建陽門十二月朱雀航華表柱生

枝葉

齊建武二年二月地震

永元元年七月建康大風十圍樹及官舍居民屋皆

按丁亥大水詔賜死者材器并賑卹

梁天監五年十一月建康地震

普通三年正月建康地震

中大通元年建康秣陵疫以身禱於重雲殿九月辛巳

朱雀航華表災

五年正月戊申建康地震五月建康大水御道通船

大同二年十一月建康秣陵地震

七年二月建康秣陵地震

太清三年四月己丑建康地再震

大寶元年自春迄夏大饑人相食建康秣陵爲甚

陳天嘉六年七月有大風自西南至廣百餘步激壞靈
候樓甲申儀賢堂自壞
天建七年九月臨樂遊苑採甘露立甘露亭于覆舟山
十二年六月大風壞陳皐門中闥八月大雨霖
十三年九月夜大風至自西北發屋拔樹大雨雹
隋開皇九年正月已丑朔陳主朝會群臣大霧四塞
唐嗣聖十八年地震
開元十四年秋大風自東北來海濤沒瓜步
寶應元年江東大疫人民死者過半
宋大中祥符元年春昇州黃雀羣飛蔽日有從空墜者

元豐四年七月大風潮漂蕩沿江廬舍損田稼

淳熙八年建康饑知府事范成大請賑從之

咸淳四年三月建康疫放免夏稅市利錢

元大德六年七月建康民饑以米二萬石賑之

十一年建康大饑總管呂天禎勸賑

至大元年建康民饑疫死者相枕於道給米賑之

至正十七年五月上元瑞麥一莖二穗者二

明洪武二年十月壬戌朔甘露降於鍾山

建文元年三月地震

永樂二年地震

洪熙元年四月地屢震六月地震十二月又震

宣德二年二月地震

四年正月地震

成化二年四月上元等縣飢民相食命戶部議賑之

九年七月以水旱災免上元等縣去年秋糧

十二年正月辛亥地震有聲

十七年二月地震猛虎近城殺人行守臣優恤

弘治八年十月地震

嘉靖元年七月大風自江北來屋瓦皆飛樹木盡拔以

府屬水災減田塘租稅

二年自春至夏疫癘大作死者相枕於道

崇禎七年　月大風吹落皇城門内扁二字於地字碎僅存木匡在檐下

十年冬木介先是大霧晦冥霧歛著樹氷雪有若旗槍稜脊森然

十四年五月大疫死者數萬人至有闔門盡斃無人收殮者

論曰左傳載子産當國有令政宋衛陳鄭不復火葢以德修變之驗也堯有九年之水湯有七年之旱水旱洊饑盛朝不諱顧其謹天災恤民隱使五行之沴

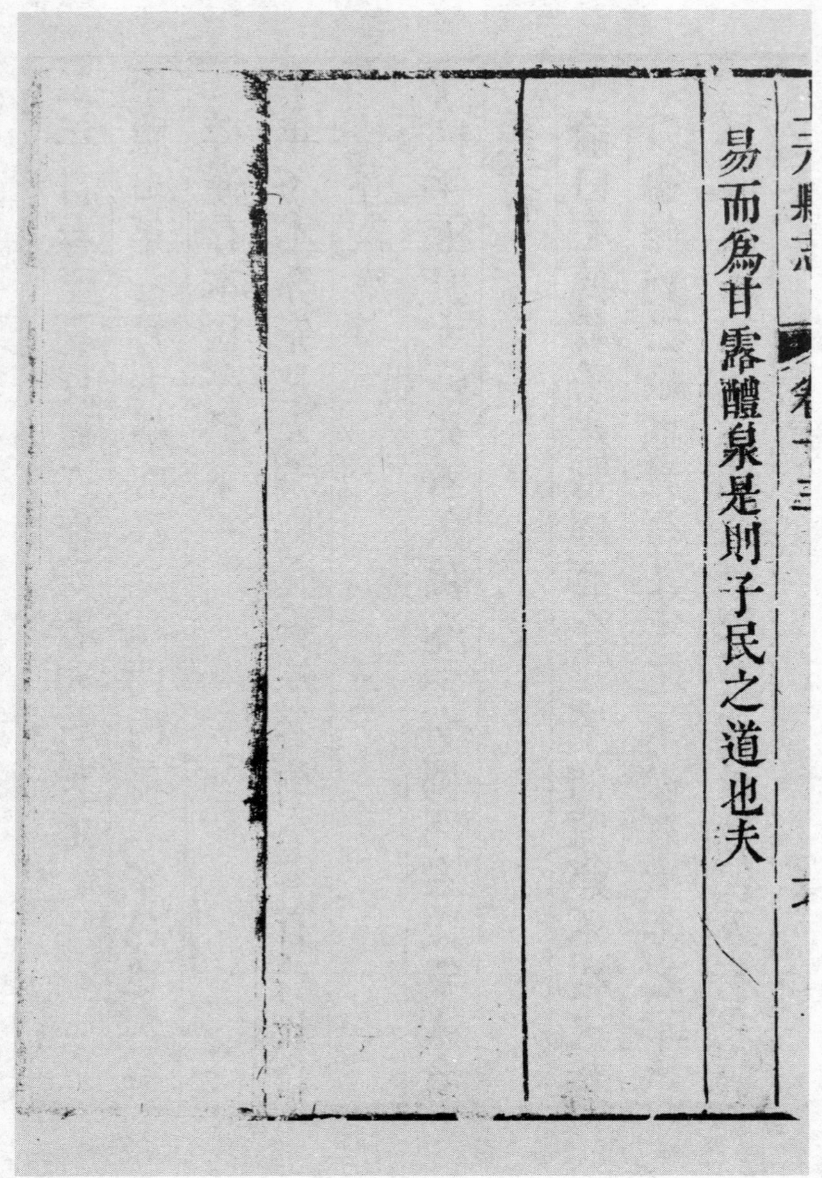

易而爲甘露醴泉是則子民之道也夫

【道光】上元縣志

（清）武念祖修　（清）陳栻纂

清道光四年（1824）刻本

庶徵　歷代賑卹善政見民賦

周孝王十三年大雹江凍

漢惠帝五年夏大旱江水少

呂后三年夏江水溢　八年夏江溢

後漢安帝延光二年七月丹陽山崩四十七所

桓帝建和元年揚州饑

獻帝建安元年江淮饑民相食

吳大帝黃武四年地連震　黃龍三年夏有野蠶成繭

大如卵　嘉禾三年九月隕霜殺穀　四年秋七月

有雹　五年自去年十月不雨至於夏　冬十月彗

星見於東方　赤烏四年正月大雪平地三尺　五

年大疫　八年夏雷震宮門柱又擊南津大橋楹

十一年二月地震四月雨雹　十三年八月丹陽及

諸邑山崩鴻水溢　太元元年八月朔大風江海湧溢平地深八尺吳高陵松栢皆拔郡城南門飛落

會稽王元年十二月大風雷電　五鳳元年夏大水十一月星孛於斗牛　二年是歲大旱　太平元年二月建業火　二年二月甲寅大雨震電乙卯雪大寒　三年秋沈陰不雨四十餘日

景帝永安元年十一月有風四轉五復蒙霧連日　二年春正月震電　四年五月大雨水泉湧溢　五年二月白虎門北樓災八月大雨震電水泉湧溢

後主建衡元年二月天火燒萬餘家死者七百餘人

鳳凰元年至三年連大疫　天紀三年建業有鬼目
菜生工人黃耇家依緣棗樹又有買菜生工人吳平
家如枇杷形而邊生葉綠色東觀案圖名鬼目作芝
草買菜作平慮草遂以耇為侍芝郎平為平慮郎皆
銀印青綬
晉武帝太康二年二月丹陽地震　四年冬揚州大水
五年八月丹陽地震　九年十年丹陽地震三
惠帝元康五年六月揚州大水　六年五月揚州大水
九年正月丹陽地震　太安元年建鄴有石浮來
入夏駕湖登岸二百餘步百姓咸驚譟相告曰石來

明年石冰入揚州

懷帝永嘉三年夏大旱江竭

愍帝建興四年十二月白玉麒麟神璽出於江寧其文日長壽萬年

東晉元帝大興元年六月旱十二月江東三郡饑　三年四月江東大饑丹陽地震　四年八月黄霧四塞

永昌元年八月暴風壞屋拔御道柳樹百餘株其風縱横無常若自八方來者十月京師大霧黑氣貫天日月無光閏十一月京都大旱川谷並竭

明帝太寧元年正月癸巳黄霧四塞京師大火五月丹

陽大水七月丙子朔震太極殿柱　二年四月庚子
京都雨雹鷂雀死
成帝咸和二年五月京師火又大水　四年二月大霖
雨城中大饑米斗萬錢七月丹陽大水　五年無麥
禾大饑　六年正月會州郡孝秀於集賢堂有麏見
獲之　咸康元年二月揚州諸郡饑　二年七月揚
州饑　八年正月乙未朔京都大雨
穆帝永和七年七月濤水入石頭溺死者數百人　九
年八月京都地震有聲如雷
哀帝興寧元年四月揚州地震

海西公太和六年六月京師大水平地數尺浸及太廟朱雀大航纜斷三艘流入大江丹陽諸縣稻稼蕩沒　十二月濤水入石頭

孝武帝寧康元年三月京都大風火大起　三年冬十二月神獸門災　太元五年六月震含章殿四柱　六年六月揚州大水江東大饑　八年二月黃霧四塞　十三年四月祠太廟畢有兔行廟堂上十二月戊子濤水入石頭毀大桁殺人乙未大風晝晦延賢堂災　十四年七月宣陽門四柱災十二月雨木冰　十五年八月京師地震　十六年六月鵲巢太極

殿東鴟尾　十七年六月癸卯地震甲寅濤水入石頭毁大桁漂船舫有死者冬旱　二十一年十月大雪

安帝元興元年十月黄霧昏濁不雨　二年京都大饑人相食　三年二月庚寅夜濤水入石頭商旅方舟萬計漂敗流斷骸胔相望誰譁震天　義熙元年十二月濤水入石頭明年又入　五年六月震太廟六年震太廟鴟尾宫城及御道左右皆生蒺藜　九年五月京都大火燒數千家　十年五月西明門地穿水涌出　十一年七月京師大水壞太廟所在火

祀

宋文帝元嘉四年五月建康疾疫　五年正月戊子丹陽火　六月復大水丙寅震太廟破東鴟尾徹壁柱　七年建康火延燒大社北牆　八年揚州諸郡旱　九年春丹陽雨雹　十一年五月建康大水　十二年四月建康地震六月丹陽諸郡大水邑里乘船　十四年三月丙申大鳥二集秣陵民王顗園中李樹上狀如孔雀揚州刺史彭城王義康以聞改鳥所集永昌里曰鳳凰　十九年閏五月丹陽雨水　二十一年六月建康連雨百餘日大水　二十四年上六

月丹陽大水疫癘　二十五年四月元武湖青龍見五月黑龍又見　二十八年三月乙酉建康大旱民多疾疫　二十九年二月雷雨雪三月大風拔樹五月丹陽霖雨傷禾稼十二月黃霧四塞

孝武帝大明元年正月建康雨水　四月丹陽疾疫五月紫氣出景陽樓迴薄久之改為慶雲樓　五年七月丙辰丹陽雨水　七年四月大風折和寧陵華表鍾山通天臺一夕飛倒散落山澗中　八年冬建康饑米升百餘錢死者相枕於道

明帝泰始二年六月建康雨水九月建康大風　三年

正月庚午建康大雨雪　泰豫元年六月建康雨水
蒼梧王元徽元年八月建康旱　三年正月丹陽大火
三月丙寅建康大水戊辰火延燒數千家五月雨雹
順帝昇明三年二月地震建陽門十二月朱雀航華表
柱生枝葉
齊武帝永明五年六月建康秣陵水　六年四月石子
岡柏木化爲石　八年八月建康霖雨　十年十一
月霖雨　十一年三月震東齊棟崩六月建康霖雨
明帝建武二年二月地震
東昏侯永元元年七月建康大風十圍樹及官府居民

屋皆假拔丁亥大水　中興二年江東大旱米斗五千錢民多饑死

梁武帝天監三年建康疫　五年十一月建康地震　六年三月有三象入建康八月建康大水　七年五月建康大水　十二年四月建康大水　普通元年七月江溢　二年五月琬玉殿火延燒後宮三千餘閒　三年正月建康地震　六年十二月建康地震

中大通元年建康秣陵疫　九月辛巳朱雀航華表焚　五年正月戊申建康地震五月建康大水御道通船　大同二年十一月建康秣陵地震　三年

正月辛丑朱雀門災壬寅天無雲雨灰黃色十月建康秣陵地震民饑　七年二月建康秣陵地震　中大同元年四月丙戌浮圖災　太清三年四月己丑建康地再震

簡文帝大寶元年自春迄夏大饑人相食建康秣陵為甚

敬帝太平二年十二月庚辰建康大火

陳武帝永定三年正月夜大雪及旦太極殿前有龍跡見閏四月久不雨如鍾山祭蔣帝廟是日雨至於月晦

文帝天嘉六年七月有大風自西南至廣百餘步激壞

靈候樓及中儀賢堂自壞

宣帝太建九年七月大雨震萬安陵華表　十年三月

震武庫六月大雨震電　十二年六月大風壞皐門

中閣八月大雨霖　十三年九月夜大風至自西北

發屋拔樹大雨雹　十四年四月自建康至荊州江

水赤

後主禎明元年臨平湖開造大皇寺起浮圖未畢火從

中起焚之江自方州東至海赤如血　二年四月有

羣鼠自蔡洲岸入石頭渡淮至於青塘兩岸數日死

五月東冶鑄鐵有物赤色大如斗自天墜鎔所有聲隆隆如雷鐵飛出牆外燒民居六月大風拔朱雀門濤水激入石頭淮渚暴溢漂沒舟乘又府城自壞背龍出建陽門井中湧赤霧

隋文帝開皇九年正月己丑朔陳主朝會羣臣大霧四塞

煬帝大業十三年自淮及江東西數百里絕水無魚

唐太宗貞觀八年七月江淮大水

高宗總章元年江淮旱饑

中宗嗣聖九年五月江淮旱饑　十八年地震

肅宗上元二年江淮大饑　寶應元年江東大疫人民
死者過半
德宗貞元二年魚鱉蔽江而下皆無首六月江溢　八
年七月江淮大水害稼溺死人漂沒城郭廬舍
憲宗元和三年江南旱
穆宗長慶二年江淮饑　三年三月江南旱
文宗太和四年江南大水害稼　八年夏江淮大旱
開成四年夏江溢大水害稼
武宗會昌元年七月江南大水
懿宗咸通二年江淮旱　七年江淮大水　九年江淮

旱蝗

僖宗中和四年江南大旱饑人相食　光啓元年正月江水赤凡數日

吳太和六年二月甲申金陵大火乙酉又大火

南唐保大十一年七月大旱井泉涸民饑疫死者過半

宋太宗太平興國八年七月江水溢　雍熙二年三月江南民饑　淳化四年江南饑　五年江南疫　至道三年昇州旱

真宗咸平三年江南旱　景德元年閏九月江南旱

大中祥符元年春昇州黃雀羣飛蔽日有從空墜者

二年四月昇州大旱火　五年五月江淮旱　天禧元年江淮南蝗

仁宗天聖四年六月江淮南大水　六年七月江寧府江水溢壞官民廬舍　明道元年三月江東淮南旱饑　慶歷八年正月江寧府火宮室焚毀殆盡惟南唐玉燭殿僅存　皇祐三年八月江南淮南饑　五年江寧府蝗　嘉祐元年五月江溢

神宗熙寧元年江寧府飛蝗自江北來　六年江淮饑　元豐四年七月大風潮漂蕩沿江廬舍損田稼

徽宗建中靖國元年江淮旱　大觀三年江淮大旱

政和三年江東旱　五年六月江寧府水災　重和元年江淮水

高宗建炎二年十月霖雨　三年六月大霖雨十一月江南大旱　紹興七年建康疫　十一年九月建康大火延燒府治自外門至堂宅皆燬惟軍資庫及大軍庫無損是年大旱　十七年建康火　十八年江東淮南旱

孝宗隆興二年七月建康大水侵城郭壞廬舍　乾道三年江東蝗　四年七月建康水　六年五月建康水　七年三月江東旱　九年旱　淳熙二年建康

大旱饑　四年建康雨雹民饑　五年閏六月雨雹
昔刊　八年建康饑　十年建康旱　十一年建康
雨水
光宗紹熙三年江東水四年八月江東旱　五年建康
大水
寧宗慶元四年建康饑　六年建康旱　嘉泰元年江
東淮南旱　嘉定二年建康蝗旱大饑斗米數千錢
人食草木　八年七月建康旱　十四年建康大水
理宗嘉熙元年建康旱　淳祐六年六月江淮飛蝗蔽
天集食禾豆

度宗咸淳四年三月建康疫　六年江南大旱　七年
江南饑
恭宗德祐元年江東饑疫
元世祖至元二十七年江南大水
成宗元貞元年五月建康水　二年六月建康蝗　大
德二年建康水　四年八月建康儒學災　六年七
月建康饑　十一年建康大饑
武宗至大元年建康饑疫　二年六月上元蝗
仁宗延祐元年建康大水
泰定帝泰定元年江東水　二年建康蔣山太平興國

旱災　三年建康路饑　四年建康饑

文宗天歷二年旱饑　至順元年集慶路饑七月江南

水

順帝至正九年七月大霖雨江溢漂没民居禾稼　十

七年五月上元瑞麥一莖二穗者二

明太祖洪武二年十月甘露降於鍾山　三年六月旱

五年正月五色雲見　八年八月大旱　九年五

月水溢　十年正月雨水如墨汁　十八年四月五

色雲再見　二十六年四月大旱

建文帝建文元年三月地震

成祖永樂二年地震　六年府學災

仁宗洪熙元年地屢震

宣宗宣德二年二月地震　四年正月地震

英宗正統十三年龍潭江水奔潰　十四年六月震雹

風雨交作火　天順五年五月江南北大水

憲宗成化元年七月應天水災　二年四月上元等縣

饑民相食　七年民饑府學災　八年七月大風雨

江溢　九年水旱　十二年正月地震有聲　十七

年二月地震猛虎入城殺人　二十二年九月民饑

孝宗宏治八年十月地震　十八年六月霖雨七月大

風拔木

武宗正德四年六月空中有聲自北來如數萬甲兵鄰民震恐踰月方止冬大雪樹皆枯死

世宗嘉靖元年大風自江北來屋瓦皆飛樹木盡拔　二年大旱米價騰湧人相食　三年自春至夏疫癘大作死者相枕於道　二十三年夏秋大旱民饑　二十四年夏大旱　三十八年四月雨雹七月地震　三十九年七月江水漲至三山門秦淮民居有深數尺者至九月始退冬大雪禽鳥戢翼凍死木冰如花十二月夜震　四十二年二月震報恩寺火遂作

一夕俱燼
穆宗隆慶四年正月火一夕數發踰月方止
神宗萬歷四年三月雨雹十月雷　五年春不雨井泉多竭河可涉　十四年五月大雨自初三至十七日城中水高數尺江東門至三山門可行舟　十六年夏旱疫死者無算　十九年三山民家牛產一黃犢七足腹下四足脊上三足皆蹼前後竅各二　三十三年十月鍾山有白氣如疋練闊丈許從申至亥光白色日入即黑　三十四年八月城內大火延燒　三十五年正月雪後府學前泮池內冰結爲花紋如

錦衣衛欽天監占主水兆　三十六年五月大雨水陸地泛舟　三十九年八月民家豬產子頂上有一目鼻長二寸許　四十六年二月東北有流星大如斗赤色向南行有聲若雷其光燭地雞犬皆驚

莊烈帝崇禎七年大風吹落皇城門內石二字於地碎之　八年白虹貫日　九年旱自四月至七月不雨遍野如掃　十年冬木介先是大霧晦冥霧斂著樹冰雪有若旗槍稜洊森然　十三年旱蝗大饑斗米千錢　十四年五月大疫死者數萬人　十六年十一月火藥庫災震驚遠邇傷三十餘人庫梁飛入錦

衣衛堂上

國朝

世祖章皇帝順治二年元旦大雪雷電交作　六年十
月辛卯朔日食既晝晦恒星皆見從午至申市肆皆
舉火　七年冬除夕大雪雷電交作

聖祖仁皇帝康熙二年九月大水船行市上十月彗星
見東南凡五十餘日　三年二月彗星復見奉
旨修省三月雨雹

世宗憲皇帝雍正三年二月己巳朔日月合璧五星連
珠　十一年夏大水

高宗純皇帝乾隆元年夏大水　二十一年大旱　二十六年旱　五十年大旱

仁宗睿皇帝嘉慶四年四月五星聚奎　十年縣學尊經閣災　十九年大旱　二十年大疫　二十四年二月府學大成殿災

今上道光元年二月朔日月合璧五星聯珠　是年夏大旱　三年夏大水秋大雨江潮盛漲鄉行市上

四年夏霄雨應時五穀豐稔

【同治】上江兩縣志

（清）莫祥芝、甘紹盤修　（清）汪士鐸等纂

清同治十三年（1874）刻本

同治上江兩縣志卷二上

考大事上

黃帝受命披山通道乃推分星野 約史記五帝本紀 自斗三度至女一度爲江南 天官之書後精於前則天文志定於康熙中經宣城梅氏修纂故其言較列史爲詳盡其言曰晉天文志分野始角亢者東方倉龍爲首也唐始女虛危者十二支子爲首也今始斗牛者星紀爲首也古言天者皆由斗牛以紀星故曰星紀自斗三度至女一度爲星紀之次金陵則斗分也又大淸會典江甯北極出地三十二度四分偏東二度一十八分其日出入節氣加時見時憲書玆不具錄

唐虞夏商相繼皆屬揚州 約禹貢爾雅諸書

周武王有天下封周章於其地國號吳 史記吳世家

孝王十三年大雹江漢 竹書紀年

靈王二年 史記吳壽夢十六年 楚令尹公子嬰齊伐吳克鳩茲至於衡山 見左氏傳建康志云山在江甯縣東南百二十里杜注謂在吳興烏程縣南疑遠

元王四年 史記吳夫差二十三年 越滅吳

范蠡築城於長干以圖楚輿地志引宮苑記顯王三十六年紀元編楚威王七年楚滅越置金陵邑金陵之名實始於此矣輿地志引宮苑記

秦始皇帝二十四年使王翦滅楚二十六年并天下分三十六郡史記秦始皇本紀以金陵地屬鄣郡又鑿鍾阜斷長隴以通流客座贅語今人知方山至石硊山為始皇鑿斷處不知盧龍馬陵二山亦秦所鑿而埋金以鎮之者也改金陵邑為秣陵縣約景定志表三十七年帝東巡會稽過丹陽據括地志此非雲陽至錢塘還從江乘渡秦始皇紀正義本江乘秦舊縣也西楚霸王元年項籍入秦江南地皆屬楚約史記項羽本紀

漢高祖五年滅西楚以其地徙封齊王信為楚王六年執楚王信歸立劉賈為荊王鄣郡屬焉十一年淮南王布反賈為布軍所殺

立兄子濞爲吳王王荆故地鄣郡更屬吳廣陵通典惠帝五年夏旱漢書惠帝紀陳志云江水少呂后三年夏江溢八年夏江又溢呂后本紀景帝三年吳王濞反軍潰奔丹陽越絕外傳記地保越城景定志表復走丹徒東甌王誘殺之吳王濞傳四年徙汝南王非爲江都王治吳故地武帝元朔元年江都易王薨子建嗣推恩分封王子敢爲丹陽侯胥行爲胡孰侯纏爲秣陵侯尊皆薨國除江都王傳及王子侯表元狩二年江都王建有罪自殺地盡入於漢約江都王傳元封二年更鄣郡爲丹陽郡疑治宛陵統縣十七秣陵治故治鄣去郡城六十里今秣陵鎮胡孰疑漢分江乘立侯者江乘按地錯句容丹陽按地錯當塗皆屬焉郡置太守縣置令長五年置十三部刺史而丹陽郡隸揚州約漢書職官地理兩志。太守遷除見秩官表茲不錄刺史新莽天鳳元年秋更定郡縣名改江乘曰相武秣陵曰宣亭淮陽王更始元年漢兵誅莽郡縣名皆復舊約漢書王莽傳地理志及後漢書淮陽王傳世祖建武三年積弩將軍傅俊將兵徇江東揚州略定後漢書傅俊傳安帝延光二年秋七月丹陽山崩安帝本紀順帝陽嘉元年春三月揚州六郡妖賊章河等寇四十九縣殺傷長吏順帝本紀桓帝建和元年春二月揚州饑遣四府掾分行振給桓帝本紀獻帝初平三年揚州刺史袁術使吳景攻丹陽太守周昕奪其郡約三國志吳妃嬪吳夫人傳按丹陽時暫寄山陰興平元年新除揚州刺史劉繇逐吳景景退屯歷陽三國志孫討逆及劉繇傳二年袁術表孫策爲折衝校尉行殄寇將軍將兵助景策先攻彭城相薛禮下邳相笮融於秣陵未克乃由小丹陽轉攻湖孰江乘皆下之還定秣陵融因殺禮併

其衆奔豫章策轉戰而東遂盡有江表之地（約三國志孫討逆吕範二傳及討逆傳注所引江表傳）建安二年江淮饑人相食（後漢書獻帝紀）三年司空曹操表孫策爲討逆將軍封吳侯五年策爲許貢家客所戕弟權嗣屯吳曹操表爲討虜將軍十六年權徙治秣陵十七年城石頭改秣陵爲建業（孫討逆及吳主權傳）省湖熟江乘爲典農都尉（宋書州郡志）二十四年封孫皎子允爲丹陽侯（吳宗室傳）二十五年權徙都武昌以吕範領丹陽太守鎮建業（景定志以範鎮建業在征荆州時今從三國志吕範傳）是歲建業言甘露降（吳主權傳。景定志是年有丹陽太守孫翊被殺非時丹陽猶治宛陵故不錄）二十六年吳徙丹陽郡治建業（景定志表）魏冊命權爲吳王（吳主權傳）

吳大帝黃武元年置揚州牧（景定志表）三年秋九月魏師出廣陵安東

將軍徐盛作疑城於江上魏人望之懼退（約三國志徐盛傳）四年秋七月地連震黃龍元年夏四月丙申吳王即皇帝位於武昌秋九月還都建業二年詔立都講祭酒以教學諸子三年夏五月有野蠶成繭大如卵（吳主權傳）嘉禾三年帝征魏新城使太子登西守（太子登傳）九月朔隕霜殺菽四年秋七月雨雹五年春鑄大錢一當五百自去年十月不雨至於夏冬十月彗見東方（吳主權傳）六年冬十二月赤烏集殿前（景定志表）赤烏元年春鑄當千大錢秋步夫人卒（吳主權傳）葬蔣陵（步夫人傳）三年冬十一月民饑詔開倉廩以振貧窮（吳主權傳）十二月使左臺侍御史郗儉鑿運瀆（景定志表）四年春正月大雪鳥獸死者大半（吳主權傳）夏五月太子登薨初葬句容後改葬蔣陵（太子登傳注引吳書）是年鑿青溪

開潮溝（建康實錄）五年夏四月旱大疫八年夏五月雷震犯宮門柱及南津大橋楹（吳主權傳）秋七月將軍馬茂謀於苑中弒帝事覺族之（約吳主權傳注所引吳歷）八月遣校尉陳勳於方山南截淮立埭（建康實錄）九年詔鑄大錢（約吳主權傳注所引江表傳）十年春二月帝適南宮三月改作太初宮（吳主權傳）是年爲康僧會立建初寺爲葛元立洞元觀江東有寺觀自此始（景定志表）十一年春二月地連震三月太初宮成夏四月雨雹十二年夏四月有兩烏銜鵲墮東館十三年秋八月丹陽諸邑山崩水溢詔原逋責給貸糧食（吳主權傳）太子和與魯王霸交搆廢和處故鄣賜霸死（詳見和霸傳）太元元年夏遣中書郎李崇迎羅陽神人王表至爲立第於蒼龍門外未幾亡去秋八月朔大風拔樹江水溢冬十

一月帝祭南郊還寢疾十二月詔省繇役減征賦除民所患害二年春二月改元神鳳夏四月帝殂吳主權傳太子亮即位改元建興閏月以諸葛恪爲太傅輔政秋七月葬大皇帝於蔣陵冬十二月丙申大風雷電少帝建興二年冬十月大饗武衛將軍孫峻伏兵殺諸葛恪於殿堂吳主亮傳峻自爲丞相孫峻傳五鳳元年夏大水冬十一月星茀於斗牛二年大旱冬十二月作太廟太平元年春二月朔建業火吳主亮傳秋九月丞相孫峻卒其從弟綝代峻輔政殺大司馬滕允約孫峻孫綝滕允傳二年春正月甲寅大雨震電乙卯雪大寒夏四月帝始親政三年秋八月沈陰不雨帝與太常全尚等謀誅綝九月綝廢帝爲會稽王尚書桓彝死之己未迎琅邪王休於會稽冬十

月己卯休至即皇帝位改元永安十一月風四反五復蒙霧連日

十二月戊辰臘百僚朝賀詔武士縛綝誅之（約吳主亮吳主休及孫綝傳）己巳

詔置學官立五經博士（吳帝）永安二年春正月震電三月詔勸農

桑禁浮江賈作四年夏五月大雨水泉溢五年春二月白虎門北

樓災秋八月壬午大雨震電水泉溢六年冬十月癸未建業石頭

小城火七年秋七月癸未帝殂（吳主休傳）丞相濮陽興左將軍張布言

於朱太后廢太子𩅦立故太子和子皓爲皇帝改元元興冬十一

月殺興布（吳主皓傳）十二月葬景皇帝於定陵（吳主休傳）後主甘露元年夏

四月蔣陵言甘露降秋七月帝弑朱太后於苑中九月從都武昌

使御史大夫丁固將軍諸葛靚鎮建業寶鼎元年冬十月永安山

賊施但等劫永安侯誅作亂至建業丁固諸葛靚敗之於牛屯誅自殺十二月帝還都建業（吳主皓傳）二年夏六月起昭陽宮（皓傳注引吳歷）是歲立父文皇帝廟於京邑（詳見太子和傳）建衡二年春三月天火燒萬餘家死者七百人三年春正月帝擁何太后及後宮自牛渚西上聲言入洛陽遇雪而還是歲西苑言鳳凰集（皓傳）鳳皇二年夏殺侍中韋昭（詳韋昭傳）又鋸殺司市中郎將陳聲投其身於四望之下（詳皓傳）天冊元年鋸殺中書令賀邵（詳賀邵傳）天璽元年立石刻於巖山紀吳功德（建康實錄）天紀二年衛尉岑昏表修百府開大道（輿地志引吳紀）又鑿衜塹後爲直瀆（輿地志北征記）三年有鬼目菜及買菜生工人黃耇吳平家冬晉大舉來伐（皓傳）四年春（按是年三月丞相張悌戰死於版橋舊志皆以爲即江寧之版橋惟周濟

晉略謂在涂中因干寶諸書存渡江語今從之故不錄三月丙寅殿中亂近數百人殺侍臣岑昏皓傳壬申晉龍驤將軍王濬以舟師入石頭帝皓出降晉書王濬傳明日晉鎮東大將軍司馬伷入屯太初宮景定志表遣使送皓於京師封歸命侯三國志吳主皓傳

晉武帝太康元年即吳天紀四年夏四月平吳除其苛政晉書武帝紀改建業爲秣陵晉書地理志又分秣陵爲臨江縣宋書州郡志二年春三月丹陽地震晉書武帝紀揚州刺史周浚自壽春移鎮秣陵周浚傳是歲更臨江縣爲江寧宋書州郡志分秦淮水北爲建鄴南爲秣陵復置江乘湖熟二縣晉書地理志三年秋九月吳故將莞恭帛奉反攻殺建鄴令遂圍揚州徐州刺史稽喜討平之武帝紀四年冬揚州大水武帝紀八年秋八

月丹陽地震九年春正月地又震（晉書五行志）十年改丹楊太守爲內史（晉書職官志王國太守曰內史吳王晏傳太康十年封食丹楊等三郡故改內史應在此年）冬十二月丹陽地震（五行志）惠帝元康五年夏六月揚州大水詔遣振貸冬十二月丹陽雨雹（惠帝紀）尋大雪（五行志）六年夏五月揚州大水八年秋九月又大水（惠帝紀）永甯元年甯遣將軍王邃鎮石頭殺趙王倫所署揚州刺史郗隆（詳郗隆傳）太安元年丹楊湖熟縣夏架湖有大石浮登岸民驚譟相告曰石來（五行志）二年夏五月義陽蠻張昌反遣其將石冰攻破揚州冬十二月丙寅揚州秀才周玘等起兵討冰永興元年廣陵度支陳敏與玘合攻建鄴石冰走死揚州平（詳見周玘陳敏諸傳）是年丹楊內史朱逵家犬生三子皆無頭（五行志）二年秋揚州刺史曹

武殺逵（惠帝紀逵作達）冬十二月右將軍陳敏反逐揚州刺史劉機丹楊內史王曠遂據江東懷帝永嘉元年春丹楊內史顧榮等討圖斬之三月江東平（詳見顧榮陳敏諸傳）秋七月己未以琅邪王睿都督揚州江南諸軍事假節鎮建鄴（懷帝紀）睿因吳舊城修居之（建康實錄）三年夏大旱江竭（懷帝紀）四年夏四月江東大水（五行志）愍帝建興元年避帝諱改建鄴爲建康（建康實錄建康治所在宣陽門內御街東至正志舊有城在吳冶城東）四年冬十一月西京不守琅邪王睿出師露次移檄討賊（愍帝紀）十二月有白玉麒麟神璽出江寧元帝建武元年春三月琅邪王睿即晉王位備百官立宗廟社稷於建康冬十二月始立太學置史官是歲揚州大旱大興元年春三月丙辰晉王即皇帝位夏六月旱帝親雩改

丹楊內史曰尹冬十一月乙卯雷震暴雨新作聽訟觀十二月江東三郡饑遣使振卹（元帝紀）二年春三月立郊邱於建康之巳地辛卯帝親祀南郊（晉書禮志）夏五月揚州蝗三年春二月辛未雨木冰（五行志）夏五月庚寅地震（元帝紀）六月大水（五行志）秋七月丁亥立懷德縣（在上元鍾山鄉）以處琅邪國人詔優復之（約元帝紀）後名費縣（晉略州郡表）八月辛酉遷神主於太廟（元帝紀）是歲剏北湖築長堤（景定志表）四年夏五月旱秋七月大水（元帝紀）八月黃霧四塞（五行志）永昌元年春正月大將軍王敦反於武昌夏四月前鋒至攻石頭右將軍周札迎降晉咸將軍侯禮死之敦遂據石頭帝使司空王導等攻之敗績敦擁兵不朝殺征西將軍戴淵護軍將軍周顗又四月還屯武昌（詳見元帝紀及王敦）

戴淵周顗傳 六月旱元帝紀 秋七月丙寅大風拔木屋瓦皆飛八月暴風壞屋拔御道樹冬十月京師大霧五行志 是月大疫閏月己丑帝崩於內殿元帝紀 庚寅太子紹即皇帝位明帝紀 是月大旱川谷竭五行志

明帝太寧元年春正月癸巳黃霧四塞京師火二月庚戌葬元皇帝於建平陵乙丑黃霧四塞丙寅隕霜壬申又隕霜殺穀三月丙戌隕霜殺草夏四月王敦下屯于湖自領揚州牧五月京師大水明帝紀 秋七月庚子朔明帝紀作丙子朔 震太極殿柱二年夏四月庚子京都雨雹燕雀死五行志 六月丁卯詔討王敦加司徒王導大都督假節秋七月壬申朔敦遣其兄含及錢鳳等犯京師帝出次南皇堂癸酉將軍段秀等大破之於越城王敦聞敗憤惋而死其黨沈充

自吳興趣延康與舍合乙未夜渡淮攻宣陽門兗州刺史劉遐臨
淮太守蘇峻自南塘橫擊大破之丙申賊夜遁丁酉帝還宮（詳見明帝紀王敦蘇峻諸傳）冬十二月壬子帝謁建平陵三年夏四月己亥雨雹自
正月不雨至於六月（明帝紀）秋八月庚戌有蒼黑大鳥二集司徒
府一集市北家人舍並獲之（五行志）戊子帝崩於東堂（明帝紀）己丑太
子衍卽皇帝位秋九月癸卯庾太后臨朝稱制中書令庾亮參輔
朝政辛丑葬明皇帝於武平陵成帝咸和元年春二月丁亥大酺
五日賜鰥寡孤老米人二斛京師百里內復一年夏五月大水冬
十月庚辰赦百里內五歲以下刑十一月壬子大閱於南郊石聰
入寇（成帝紀）加王導大司馬假黃鉞出次江寧俄而賊退解大司馬

王導傳自六月不雨至於是月成帝紀是歲城石頭庾亮傳二年春正月有五鷗鳥集殿庭五行志夏四月旱五月戊子京師大水成帝紀又大火五行志冬十月歷陽太守蘇峻反十二月辛亥陷姑孰庚申京師戒嚴三年春正月丁未峻濟自横江二月庚戌至蔣陵覆舟山尚書令卞壼帥六軍與戰於西陵敗績丙辰峻攻青溪栅壼及二子眕盱苦戰皆死之庾亮奔尋陽峻入臺城殺丹楊尹羊曼黄門侍郎周導廬江太守陶瞻焚掠宮府三月丙子太后庾氏以憂崩壬申葬明穆太后於武平陵夏五月乙未峻逼遷帝於石頭丙午征西大將軍陶侃平南將軍温嶠入援次於蔡洲庚午與峻戰於白木陂斬峻賊黨奉其弟逸爲帥於是嶠等乃立行臺四年春正月

賊將匡術以苑城歸順嶠將毛寶入守之右衛將軍劉超御史中丞鍾雅謀奉帝奔義軍爲蘇逸所殺逸攻臺城焚太極東堂秘閣皆燼寶力戰卻之城中大饑米斗萬錢二月大雨霖丙戌諸軍攻石頭賊棄城遁竟陵太守李陽追斬蘇逸帝出幸溫嶠舟時宮闕灰燼以建平園爲宮衆議遷都司徒王導不可乃止詳見成帝紀陶侃溫嶠蘇峻諸傳　秋七月丹楊大水詔復遭賊郡縣租稅三年五年夏五月旱且饑疫秋九月造新宮繕苑城成帝紀　六年春正月丁巳會州郡秀孝于樂賢堂有麏見於前獲之五行志　夏四月旱成帝紀　先是以江乘僑南琅邪在上元東北地錯何容今鄉邪鄉　南東海南蘭陵南東平等郡至是分江乘西僑臨沂縣在上元治宮城長甯鄉與費之北　陽都即丘治與臨沂同　同隸南

琅邪（輿域志○按景定志穆帝時以南東海七縣出居京口）徙建康縣治於御街西（要錄記）七
年夏五月大水冬十二月庚戌帝遷於新宮（成帝紀）八年始於覆舟
山立北郊（晉書禮志）九年夏六月大旱秋八月大雩咸康元年春二月
甲子帝親釋奠揚州諸郡饑遣使振給夏四月石虎游騎至歷陽
京師戒嚴帝觀兵廣莫門尋報賊退（成帝紀）先是琅邪寄治江乘之
金城是歲以內史桓溫請詔割江乘立郡（宋書州郡志）二年春三月旱
詔免繇役戊寅大雩夏四月丁巳雨雹秋七月揚州饑開倉振給
冬十月新立朱雀浮航（成帝紀）三年春正月辛卯立大學於淮水南
（成帝紀及景定志）夏六月旱（成帝紀）四年僑置廣川魏郡高陽堂邑諸郡於
京邑以處流寓（晉書地理志）尋省高陽堂邑（宋書州郡志咸康四年僑立魏郡肥鄉元城三縣後）

又僑立廣川郡廣川縣尋省元城又立高陽郡領北新城博陸五
二縣堂邑郡領堂邑縣後省堂邑併高陽又省高陽併魏郡
年冬十一月有人持柘杖絳衣詣止車門求見天子伏誅五行志六
年秋七月乙卯詔朔望聽政於東堂冬十一月癸卯復琅邪比漢
豐沛七年春正月戊戌皇后杜氏崩夏四月丁卯葬恭皇后於興
平陵實編戶王公以下皆正土斷白籍成帝紀秋八月引見群臣校
射於延賢堂捄定志表八年夏五月甲戌有赤馬走入宣陽門五行志六
月癸巳帝崩於西堂成帝紀甲午母弟琅邪王岳即皇帝位康帝紀秋
七月有鶖鳥集殿屋五行志丙辰葬成皇帝於興平陵康帝建元元
年夏五月旱二年秋九月戊戌帝崩於式乾殿康帝紀己丑太子聃
即皇帝位褚太后臨朝攝政冬十月乙丑葬康皇帝於崇平陵穆

帝永和元年夏五月戊寅大雩六月癸亥地震二年冬十月地震三年夏秋地連震四年夏五月大水冬十月地震五年春正月庚寅地震穆帝紀冬十一月甘露降崇平陵景定志表六年夏五月大水是歲大疫穆帝紀七年秋七月甲辰濤水入石頭溺死者數百人冬十月雷雨震電八年春正月乙巳雨木冰五行志秋七月大雩九年春正月丙寅皇太后與帝同拜建平陵三月旱夏五月大疫秋七月丁酉地震有聲十年春正月丁卯地又震夏五月江西乞活郭敞等叛於堂邑京師震駭吏部尚書周閔屯中堂十一年夏四月壬申隕霜乙酉地震五月丁未又震升平元年春正月壬戌朔帝始親政三月壬申釋奠於中堂冬十一月雷二年夏五月大水冬十

二月庚子雷辛酉地震（穆帝紀）五年春二月南掖門馬足陷地得鐘一有文四字（五行志）夏四月大水五月丁巳帝崩於顯陽殿（穆帝紀）庚申瑯邪王丕即皇帝位秋七月戊午葬穆皇帝於永平陵八月己卯夜天裂有聲如雷哀帝隆和元年夏四月旱詔出輕繫振困乏興寧元年夏四月甲戌揚州地震湖瀆溢二年春二月癸卯帝耕藉田（哀帝紀）是年徙陶官於淮水北以其地施僧爲寺（景定志）三年春司徒會稽王昱與大司馬桓溫會於洌洲共議北討（桓溫傳）二月丙申帝崩於西堂（哀帝紀）丁酉瑯邪王奕即皇帝位（海西公紀）有野雉集於相風（五行志）三月壬申葬哀皇帝於安平陵海西公太和元年夏四月旱五月戊寅皇后庾氏崩秋七月癸酉葬孝皇后於敬平陵（海西

公紀是歲帝於鍾山疏曲水以宴百僚景定志及寰域志三年夏四月癸巳雨雹大風折木五年夏六月京師大水海西公紀浸及太廟朱雀大航纜斷三艘流入大江五行志冬十一月丁未大司馬桓溫入京師己酉廢帝爲東海王立丞相會稽王昱冬十一月己酉會稽王即皇帝位改元咸安桓溫出次中堂辛酉還鎮姑孰詳見海西公簡文帝紀及桓溫傳簡十二月辛卯初薦酃淥酒於太廟簡文帝紀壬午濤水入石頭五行志簡文帝咸安二年夏六月己未帝崩於東堂是日太子昌明即皇帝位簡文孝武二紀冬十月丁卯葬簡文皇帝於高平陵十一月甲午妖賊盧悚入雲龍門游擊將軍毛安之等誅之孝武帝紀孝武帝甯康元年春二月大司馬溫入朝詔迎勞於新亭既而溫拜高平陵遇疾歸

姑孰禾幾甤〔許見桓溫謝安等傳〕三月京師風火大起〔五行志〕癸丑除丹陽竹

格等四航稅秋八月壬子崇德褚太后臨朝攝政〔孝武帝紀〕三年秋九

月帝講孝經於通天觀〔禮志〕冬十二月甲申神虎門災癸巳帝釋

奠於中堂太元元年春正月壬寅朔帝始見於太廟皇太后歸政

甲子詔建平等四陵夏五月癸丑地震二年春閏三月壬午地震

甲申暴風折木發屋夏四月己酉雨雹五月丁丑地震六月己巳

暴風揚沙石〔孝武帝紀〕是年京師地生毛〔五行志〕三年春二月乙巳作新

宮帝移居會稽王邸〔孝武帝紀〕起朱雀門〔建康實錄〕三月乙丑雷雨暴風發

屋折木夏六月大水秋七月辛巳帝入新宮四年春正月辛酉詔

郡縣遭水旱者減租稅丙子帝謁建平等七陵三月大疫夏六月

大旱秋八月乙未暴風揚沙石五年春正月乙巳帝謁高平陵夏四月大旱五月大水六月甲寅震含章殿四柱并殺內侍二人秋九月癸未皇后王氏崩冬十一月乙酉葬定皇后於隆平陵六年春正月立精舍於內殿引諸沙門居之夏六月揚州大水饑孝武帝紀秋九月辛未衛將軍謝安習水軍於石頭景定志表七年冬十月丙子雷孝武帝紀是歲置東冶亭爲餞送所景定志表八年春二月癸未黃霧四塞秋八月秦苻堅入寇京師震恐孝武帝紀謝安傳帝禱佛於鍾山晉略冬十月冠軍將軍謝元等破秦軍十一月詔衛將軍謝安勞還師於金城九年春正月辛亥帝謁建平等四陵六月癸丑朔崇德太后褚氏崩秋七月己酉葬康獻皇后於崇平陵十年春正月甲午帝

謁諸陵孝武帝紀二月立國學於太廟南景定志表夏四月太保謝安出鎮廣陵帝祖之於西池詳見謝安傳五月大水秋七月旱饑孝武帝紀八月太保安以疾還京師丁酉薨十一年春正月乙酉帝謁諸陵夏六月己卯地震孝武帝紀是歲立宣尼廟於丹楊郡東南景定志表十二年春正月壬子暴風發屋折木夏四月己丑雨雹孝武帝紀十三年夏四月癸巳祠太廟畢有兔行廟堂上五行志夏六月旱冬十二月戊子濤水入石頭毀大桁殺人乙未大風晝晦延賢堂火丙申螽斯則百堂客館驃騎庫皆災孝武帝紀十四年夏四月京師地生毛五行志秋七月甲寅宣陽門四柱災冬十二月乙巳雨木冰孝武帝紀是歲琅邪王道子移揚州理所於東第景定志表十五年京師地震者三孝武帝紀十六年

春正月詔徐廣校秘閣四部見書凡三萬六千卷（景定志表）庚申改築太廟（孝武帝紀）夏六月鵲巢太極東頭鴟尾又巢國子學堂西頭（五行志）十七年夏六月癸卯京師地震甲寅濤水入石頭毀大桁乙卯大風折木秋八月新作東宮冬十二月己未地震是歲自秋不雨至於冬十八年春正月癸卯朔地震二月乙未地又震秋七月旱（孝武帝紀）十九年春正月鵲巢東宮西門（五行志）二十年春二月作徽文宣太后廟於太廟道西（禮志在十九年與本紀不同）三月皇太子德宗出居東宮（景定志表）秋七月長星見帝於華林園祝之二十一年春正月造清暑殿夏四月新作永安宮丁卯雨雹五月大水秋九月庚申張貴人弒帝於清暑殿（孝武帝紀）辛酉太子德宗即皇帝位以會稽王道子爲

太傅攝政冬十月甲申葬孝武皇帝於隆平陵大雪安帝隆安元年春正月己亥朔會稽王道子歸政安帝紀夏四月甲戌兗州刺史王恭舉兵反甲申賜尚書左僕射王國寶死斬建威將軍王緒於市恭兵乃罷詳見會稽王王國寶諸傳二年春三月龍舟二災安帝紀秋七月王恭復舉兵反廣州刺史桓元等應之恭前鋒劉牢之襲斬恭以降馳赴京師桓元等自石頭退走詳見安帝紀及會稽王桓元殷仲堪楊佺期劉牢之諸傳三年秋八月會稽王家青雌雞化爲赤雄雞不鳴不將五行志冬十一月畿內盜賊紛起內外戒嚴加會稽王道子黃鉞世子元顯領中軍將軍以備之詳會稽王及孫恩傳四年夏四月地震六月旱秋七月壬子太皇太后李氏崩八月壬寅葬文太后於修平陵九月癸丑地震安帝

紀

五年夏六月妖賊孫恩犯京師譙王尙之師師入衛恩退走詳見安帝紀會稽王譙王孫恩諸傳是歲饑禁酒安帝紀元興元年春正月會稽世子元顯自爲征討大都督討荆州刺史桓元二月丙午帝餞之於西池未發元遂舉兵反丁卯敗王師於姑孰譙王尙之齊王柔之並死之己巳鎭北將軍劉牢之叛降於元辛未六師潰壬申元入京師斬元顯於市改元大亨夏四月元出屯姑孰詳見安帝紀會稽王劉牢之桓元諸傳秋八月庚子尙書下舍災安帝紀冬十月丙申朔黃霧昏濁不雨

二年春二月大風雨大航門屋瓦飛落五行志冬十一月桓元還帝於永安宮十二月壬辰遂纂位國號楚改元永始以帝爲平固王遷於尋陽戊戌元入建康宮尋移居東宮闢東掖平昌廣莫諸門

詳見安帝紀桓元傳三年春正月桓元出遊大航南飄風飛其輧蓋五行志二月己丑朔夜濤水入石頭敗大航殺人五行志於是事以庚寅己丑分書爲二今合併之大風吹朱雀門樓上層墜地桓元傳乙卯建武將軍劉裕起義兵於京口三月戊午破桓元兵於江乘己未又破之於覆舟山桓元走庚申裕入石頭城立留臺具百官丁卯還鎮東府詳見晉書安帝紀桓元傳宋書武帝紀丙戌留臺推武陵王遵承制夏四月己丑入居東宮武陵王傳五月壬午益州義軍誅元傳首京師桓元傳是月樂賢堂壞五行志秋七月戊申永安皇后何氏崩八月癸酉祔葬穆章皇后於永平陵義熙元年春三月甲午帝至自江陵夏四月劉裕還鎮京口戊辰帝餞於東堂安帝紀冬十二月己未濤水入石頭二年冬十二月己未

夜濤水又入石頭（晉五行志）三年春二月己丑除酒禁夏五月大水（安帝紀）四年春正月徵劉裕爲揚州刺史入居東府輔政（宋書武帝紀）夏六月丙寅雷震太廟東鴟尾又震太子西池合堂秋七月丁酉尚書殿中吏部曹火冬十一月辛卯朔西北方疾風發癸丑雷十二月戊寅濤水入石頭（五行志）五年春三月乙亥大雪（安帝紀）車騎將軍劉裕表伐南燕夏四月帝餞於西堂（景定志表）六月丙寅震太廟（安帝紀）六年春二月裕克南燕送慕容超於京師斬之（南燕傳）海賊盧循乘虛襲建康夏四月癸未裕還京師（詳見晉書盧循傳宋書武帝紀）五月壬申大風拔北郊樹折吹琅琊揚州二射堂倒壞甲戌又風發屋折木（五行志）裕發民治石頭城（景定志表）乙丑盧循至淮口內外戒嚴築查浦藥園廷

尉三壘以距之庚辰參軍沈林子等敗賊於南塘詳見晉書盧循傳宋書武帝紀朱齡石諸傳及沈約自序六月丙寅震太廟鴟尾五行志秋七月庚申循自蔡洲南走裕還東府治水軍冬十二月追破賊於左里而還詳見宋書武帝紀七年春正月劉裕至京師帝大宴於西池約晉書劉毅傳宋書武帝紀八年秋八月皇后王氏崩九月癸酉葬僖皇后於休平陵安帝紀庚辰太尉劉裕自將擊荊州刺史劉毅以前將軍諸葛長民監留府事冬十月克江陵斬毅詳見晉書劉毅諸葛長民傳宋書武帝紀是歲起樓於石頭曰入漢景定志表九年春二月乙丑晦太尉裕潛還東府三月丙寅誅殺諸葛長民詳見諸葛長民傳夏四月徙臨沂湖熟陼澤田以賜貧人弛湖池禁安帝紀五月辛巳大水國子聖堂壞是歲京師大火燒數千家五行志秋

陵縣移治京邑之闕場宋書州郡志十年春三月戊寅地震安帝紀夏五月丁丑大水西明門地穿涌水出毀門扇及限五行志是歲城東府

安帝紀十一年春正月辛巳太尉裕自將討荆州都督司馬休之以中軍將軍劉道憐監留府事有盜夜襲冶亭高陽內史劉鍾討平之二月裕克荆州休之奔秦詳見宋書武帝紀長沙王道憐劉鍾諸傳秋七月京師大水壞太廟安帝紀八月裕還建康宋書武帝紀是歲京師所在火起五行志

十二年秋八月太尉裕伐後秦以世子義符監留府事詳見宋書武帝少帝二紀劉穆之徐羨之諸傳十三年秋八月克長安送姚泓於建康斬之詳見宋書武帝紀及晉書後秦傳閏月壬戌裕班師至彭城宋書武帝紀十四年冬十二月戊寅裕使王韶之弑帝於東堂安帝紀瑯邪王德文即皇帝位恭帝元

熙元年春正月庚申葬安皇帝於休平陵（恭帝紀）是歲秣陵移治揚州府禁防參軍處（宋書州郡志）二年夏六月壬戌宋王裕至建康廢帝為零陵王（詳見晉書恭帝紀宋書武帝紀）

宋武帝永初元年（即晉元熙二年）夏六月甲子宋王裕自立為皇帝幽零陵王於故秣陵縣（晉書恭帝紀宋書武帝紀）秋七月戊申還神主於太廟閏月壬午遣晉帝詣陵守衛冬十二月辛巳朔帝臨延賢堂聽訟（武帝紀）

是時丹楊領縣八建康（今城）秣陵（今秣陵關）丹陽（今小丹陽）湖熟（今湖熟鎮）江寧（今江寧鎮）皆隸焉其陽都郎邪費三縣並割臨沂及建康為土隸南瑯琊郡又省廣川隸魏郡（宋書州郡志）二年春正月辛酉上始祀南郊（以後郊祀明堂太廟諸典禮皆紀其始而不備書並依此例）二月己丑策試秀孝於延賢堂夏四月

己卯朔詔所在淫祀自蔣子文以下皆除之秋七月己巳地震九月己丑弒零陵王（武帝紀） 冬十一月辛亥葬晉恭帝於沖平陵（晉恭帝紀） 是歲帝聽訟於華林園者三聽訟於延賢堂者一（武帝紀） 三年春正月乙丑詔興國學夏五月癸丑帝崩於西殿（武帝紀） 是日太子義符即皇帝位秋七月己酉葬武皇帝於初寧陵少帝景平元年春二月丁丑太皇太后蕭氏崩於顯陽殿三月壬寅孝懿皇后祔葬興寧陵二年春正月乙巳大風天有五色雲（少帝紀） 鵲巢太廟西鴟尾（五行志） 夏五月甲申司空徐羨之中書監傅亮廢帝爲營陽王迎宜都王義隆而立之秋八月丁酉宜都王即皇帝位於中堂改元元嘉（詳見少帝文帝二紀徐羨之傅亮謝晦等傳） 文帝元嘉二年春正月丙寅帝始親

政（文帝紀）有江鷗數百集太極殿前小階（五行志）三年春正月丙寅下詔築徐羨之傅亮之罪誅之遣中領軍到彥之等討荆州刺史謝晦帝率六軍繼發至蕪湖而還二月己卯俘晦送都伏誅（詳見文帝紀徐羨之傅亮謝晦彭城王王弘殷景仁諸傳）夏五月丙午帝臨延賢堂聽訟自是每歲三訊（文帝紀）徐羨之之兒子佩之謀以明年正會作亂事覺冬十二月壬戌收斬之（徐羨之傳）四年春二月乙亥朝曲赦都邑百里內二月乙卯帝幸丹徒謁陵丁亥還宮夏五月京師疾疫遣使存問給醫藥死者賜以棺器（文帝紀）冬十一月辛未朔甘露降初寧陵（符瑞志）是歲旱（五行志）五年春正月甲申帝臨元武館閱武戊子大火遣使巡慰振賜夏六月庚戌京邑大水己卯遣使檢行振贍（文帝紀）丙寅雷震太

廟東鴟尾徹壁柱六年春正月丙寅雷且雪五行志七年冬十月庚午立錢署鑄四銖錢十二月乙亥京邑火延燒太社北牆文帝紀八年夏五月辛丑白雀集左衛府符瑞志閏六月揚州旱文帝紀是年省郎邱入陽都州郡志九年春京邑雨雹五行志十一年春三月帝與羣臣禊飲於樂遊苑山水顏延之集夏五月京邑大水文帝紀六月丁未省魏郡以其民併建康約文帝紀及州郡志十二年夏四月丙辰京邑地震六月丹楊大水都下乘船己酉賜遭水民米是月斷酒秋八月乙亥原遭水郡縣諸逋負十三年春正月癸酉帝有疾不朝會文帝紀三月己未彭城王義康矯詔殺司空檀道濟是日建康地震生白毛南史檀道濟傳十四年春正月戊戌有大鳥二集秣陵民王顒園中改其

地爲鳳凰里二月宮內鑾斯堂梨樹連理志符瑞是歲雷震初甯陵口標四破至地志五行十五年秋七月辛未地震紀文帝是歲召豫章處士雷次宗至京師開儒學館於雞籠山與丹楊尹何尙之玄學率更令何承天史學司徒參軍謝元文學爲四學宗傳雷次衞賀縣入建康臨沂志州郡十六年春正月戊寅帝閱武於北郊紀文帝冬十二月乙亥太子劭出居東宮置兵與羽林等傳元凶十七年秋七月皇后袁氏崩九月壬子葬元皇后於長甯陵紀文帝冬十月戊午誅太子詹事劉湛出彭城王義康爲江州刺史詳見彭城王及劉湛殷景仁傳十一月乙酉甘露降樂遊苑志符瑞丙戌詔揚南徐二州諸逋負優量申減紀文帝十八年春三月雨雹志五行夏五月甲申甘露降秣陵臨川王

義慶園符瑞志 十九年春三月壬寅帝臨儒學賜諸生帛有差景定志表

夏五月甘露降建康符瑞志 閏月京邑雨水丁巳遣使巡行振卹文帝紀 是歲立國子學禮志 二十年春正月於臺城東西開萬春千秋二門 二月甲寅帝閱武於白下文帝紀 夏六月秣陵縣白雀見符瑞志 冬十二月壬午詔遣藉田約文帝紀 二十一年春正月己亥帝始耕藉田約宋書禮志及南史文帝紀 夏六月京邑連雨水丁亥詔所司隨給百姓柴米文帝紀 是歲甘露頻降樂遊苑符瑞志 二十二年春三月乙未太子劭釋奠於國學禮志 秋七月武陵王駿討緣沔蠻移一萬四千餘口於京師文帝紀 秋九月癸酉帝餞南兗州刺史衡陽王義季於武帳岡景定志表 乙未開酒禁冬十月浚淮起湖熟廢田千頃宋書及南史文帝紀 二十

三年夏六月築北堤立元武湖築景陽山於華林園（約文帝紀及何尚之傳）秋九月己卯帝幸國子學策試諸生（文帝紀）是歲甘露頻降樂遊苑及長甯陵（約符瑞志）二十四年春正月蠲建康秣陵二縣今年田租之半夏六月京邑疫癘丙戌詔給醫藥是月以貨貴制大錢一當兩（文帝紀）是歲臨川王第木連理甘露頻降景陽山（符瑞志）二十五年春正月積雪冰寒（五行志）詔檢行建康秣陵貧乏之室賜以米薪閏二月己酉大蒐於宣武場三月庚辰車駕校獵（文帝紀）設武帳於幕府山（一統志）夏四月己巳新作閶闔廣莫二門改先廣莫門曰承明閶陽門曰津陽（文帝紀）五月丁丑元武湖背龍見戊戌黑龍又見（符瑞志）己卯罷當兩錢（文帝紀）是年帝幸江甯經劉穆之墓詔致祭（景定志表二）

十六年春二月己亥帝幸丹徒夏五月壬午還宮二十七年春二月魏軍來侵三月戊寅以軍興罷國子學（文帝紀）冬十一月魏主引兵南下庚午至瓜步建康震懼命領軍將軍劉遵考等沿江防守（詳見文帝紀元凶徐湛之諸傳）二十八年丁亥魏軍退二月壬午帝幸瓜步三月乙酉還宮丙申謁初寧陵大旱夏四月京師疫使巡省給醫藥秋猛虎入郭內爲災二十九年春二月乙卯雷且雪（宋書南史文帝紀）三月大風拔木飛瓦壬午京邑大火風雷甚壯（五行志）夏五月丹楊霖雨傷禾稼（南史宋文帝紀）都下大水（五行志）六月遣部司巡行賜樵米給船（文帝紀）冬十二月戊辰黃霧四塞（南史）三十年春正月乙亥朔帝會羣臣於太極前殿有靑黑氣從東南來覆映宮上（南史）二月癸亥太子劭

弑帝於合殿太子左衛率袁淑左細仗主卜天與死之是日劭自立爲皇帝改元太初三月省揚州立司隸校尉詳見文帝紀徐湛之江湛袁淑卜天與二凶諸傳癸巳葬文皇帝於長甯陵文帝紀乙未武陵王駿起兵於西陽以討劭夏四月辛酉至新林甲子大敗劭衆於新亭己巳武陵王即皇帝位壬申改新亭爲中興亭五月丙子克宮城劭及同逆皆伏誅詳見孝武帝紀江夏王義恭傳蔡廓元凶劭濬二凶諸傳辛巳帝如東府甲午詔初甯長甯陵曲赦京邑二百里內幷蠲今年租稅六月帝還宮秋七月辛酉詔省細作幷尚方彫文塗飾貴戚競利悉皆禁絕冬十月癸未帝聽訟於閱武堂宋書南史孝武帝紀孝武帝孝建元年春正月鑄四銖錢是月起正光殿孝武帝紀二月庚午荆襄二州刺史南郡王義宣反三

月癸亥內外戒嚴以義宣諸子臧質建康秣陵諸縣界免丹楊尹褚湛之官建康江甯縣令皆下獄夏五月義宣等於梁山敗走已未解嚴詳見孝武帝紀南郡王褚湛之褚叔度諸傳罷南蠻校尉遷其營於建康孝武帝紀及景定志表冬十月戊寅詔建仲尼廟孝武帝紀二年春三月辛亥甘露降長甯陵符瑞志秋八月詔弛諸苑禁假貧民九月丁亥帝閱武於宣武場三年春二月丁丑詔湖壄臨西堂觀耶夏六月帝聽訟於華林園孝武帝紀秋熒惑守南斗詔廢西州使揚州刺史西陽王子尚移治東城以厭之西陽王子尚傳大明元年春正月庚午京邑雨水辛未使檢行賜樵米夏四月京邑疾疫丙申使按行賜醫藥死者斂埋孝武帝紀五月癸未帝聽訟於華林園自是歲三臨訊丙寅芳香琴堂雙

橘進理景陽樓有紫氣滿暑殿西鴟尾生嘉禾遂改景陽樓爲慶雲樓清暑殿爲嘉禾殿芳香琴堂爲進理堂秋九月建康秣陵二縣各置都官從事一人司水火劫盜（南史孝武帝紀）二年夏四月辛丑地震（孝武帝紀）南彭城民高闍等謀作亂事發秋七月甲辰伏誅江寗令蘇寶生坐死（詳見王僧達傳）三年春二月乙卯以揚州爲王畿（孝武帝紀）夏四月南兗州刺史竟陵王誕據廣陵反秋七月車騎大將軍沈慶之討平之爲京觀於石頭南岸（詳見孝武紀竟陵王傳）詔王畿下貧之家蠲租一年九月壬辰築上林苑於元武湖北甲午移南郊壇於牛頭山西移北郊壇於鍾山北原冬十一月甲子立皇后蠶宮於西郊（宋書禮志及南史孝武帝紀）四年春三月甲申皇后始親蠶夏四月癸卯以南琅

邪隸王畿辛酉詔都下疾疫遣使存問振恤冬十二月辛丑帝幸廷尉寺省繫囚丁未幸建康縣放獄囚五年春二月癸巳帝閱武於元武湖西孝武帝紀及景定志表三月甲戌幸江乘祭太保王弘光祿大夫王曇首墓南史夏五月起明堂於國學南禮志濟陵里生嘉瓜符瑞志秋七月京邑雨水詔巡行賜斷米九月丁卯帝幸南琅邪原繫囚閶門丙申初立馳道南至朱雀門北至元武湖冬十一月壬辰詔平治王畿庶獄孝武帝紀是年省陽都入臨沂州郡志六年春正月辛卯帝始宗祀明堂孝武帝紀及禮志丁未策秀孝於中堂景定志表二月戊午甘露降建康諸苑園三月丙午青雀見華林園符瑞志夏四月庚申新作大航門孝武帝紀壬子殷淑儀卒追拜貴妃南史后妃傳五月置凌室於

覆舟山秋七月甲申地震南史孝武紀 冬十月詔上林苑內邱墓許還

葬孝武帝紀 壬申葬宣貴妃於龍山爲妃立寺曰新安詳南史后妃傳及新安王傳

七年春正月帝閱水師於元武湖二月甲寅巡南豫兗二州壬申

還宮孝武帝紀 夏四月風吹初甯陵隧口左標折鍾山通天臺倒五行志

秋八月丁巳詔尚書訊王畿刑獄乙丑帝幸建康秣陵縣訊獄囚

乙卯幸廷尉訊獄囚孝武帝紀 戊申巡南豫州癸丑幸江甯縣訊囚遂

至姑孰於行所訊丹陽諸縣囚十二月癸亥還宮減所過田租孝武帝紀 是年以王畿之內郡爲南徐州肇域志 八年春二月壬寅詔以去

歲旱出倉米付建康秣陵二縣隨宜贍恤夏閏五月庚申帝崩於

玉燭殿孝武帝紀 是日太子子業即皇帝位秋七月丙午葬孝武皇帝

於景甯陵乙卯罷南北二馳道秋八月己未皇太后王氏崩於含章殿（前廢帝紀及后妃傳）京師雨水庚子詔賑恤九月乙卯文穆皇后祔葬景甯陵冬十月庚辰原揚南徐二州去年逋租十二月壬辰以王畿諸郡復爲揚州去歲及是歲大旱京邑米升百餘錢餓死者十六七前廢帝永光元年春二月庚寅鑄二銖錢（前廢帝紀）秋八月癸酉帝自率兵殺太宰江夏王義恭尚書令柳元景尚書僕射顏師伯改元景和（詳見江夏王柳元景顏師伯傳及前廢帝紀）庚辰以石頭城爲長樂宮東府城爲未央宮甲申以北邸爲建章宮南第爲長楊宮丙戌原琅邪等郡逋租己丑復立南北二馳道九月癸巳帝幸湖熟奏鼓吹戊戌還宮（前廢帝紀）辛丑賜新安王子鸞死發殷貴妃墓壞新安寺

南史 己酉詔內外戒嚴討徐州刺史義陽王昶昶奔魏戊午解嚴帝因於白下濟江至瓜步冬十月丙寅還宮 詳見義陽王昶傳 十一月壬辰帝自將兵殺衛將軍何邁賜太尉沈慶之死 詳見前廢帝紀晉安王子勛沈慶之諸傳 壬寅赦揚南徐二州 前廢帝紀 戊午帝被弑於華林園華光殿己未湘東王彧令賜豫章王子尚山陰公主死葬廢帝於秣陵郊壇西 詳見廢帝紀文諸王阮佃夫諸傳 十二月丙寅湘東王彧即皇帝位改元泰始 明帝紀 乙亥追尊所生沈婕妤爲宣太后名所葬墓府山曰崇甯陵 后妃傳 戊寅罷二銖錢壬午帝謁太廟 南史 先是廢帝求弑時晉安王子勛起兵於尋陽帝即位猶不肯罷四方所在響應 詳晉安王傳 明帝泰始二年春正月甲午中外戒嚴丙午帝出頓中興堂壬子崇憲太

后路氏崩三月壬子斷新錢專用古錢癸丑赦揚南徐二州囚繫夏五月甲寅葬崇憲太后於修寧陵六月京師雨水丁卯詔檢行賜卹秋八月建安王休仁大破賊諸州皆平九月癸巳六軍解嚴冬十月戊寅以立太子曲赦揚徐二州明帝紀是歲京師變大風五行志三年春閏三月庚午京師大雨雪遣使巡行賑賜丙辰詔崇寧陵禁內墳遷徙者給直蠲復其家明帝紀四年春正月丙辰朔雨草於宮秋九月庚午帝幸東宮南史曲赦揚南徐諸州五年春三月丙寅帝幸中堂聽訟六年秋九月戊寅立總明觀徵學士以充之冬十一月己酉帝幸東堂聽訟明帝紀七年帝大殺諸弟詳見文諸王傳以故第爲湘宮寺景定志表泰豫元年春正月丁巳巨人跡見西池水上南史

戊午帝有疾令皇太子昱會萬國於東宮（明帝紀）三月己未賜揚州刺史王景文死（詳見王景文傳）夏四月己亥帝崩於景福殿（明帝紀）庚子太子卽皇帝位五月戊寅葬明皇帝於高甯陵六月京師雨水詔賑恤二縣貧民後廢帝元徽元年秋八月京師旱（後廢帝紀）二年夏五月江州刺史桂陽王休範舉兵反卽日內外戒嚴侍中蕭道成出屯新亭壬辰休範自新林步上攻壘越騎校尉張敬兒詐降斬其首歸其別將杜黑蠡等猶不知渡淮而南白下石頭皆潰東府降賊由承明門入屯中堂道成遣羽林監陳顯達等入衛大破之於杜姥宅斬黑蠡等餘黨悉平丁酉解嚴詔建康秣陵二縣收斂諸屍（詳見後廢帝紀桂陽王袁粲劉勔諸傳及齊書太祖紀）三年春三月戊辰京邑大火（五行志）己

巳大水遣使檢行振賜夏四月丙戌帝幸中堂聽訟後廢帝紀五月乙卯京師雨雹五行志四年秋七月戊子建平王景素據京口反己丑內外纂嚴中領軍蕭道成屯元武湖遣驍騎將軍任農夫等討平之乙未解嚴詳見建平王傳丙申原京邑二縣逋調後廢帝紀五年夏四月給事黃門侍郎阮佃夫謀廢立事覺誅之詳後廢帝紀及阮佃夫傳五月戊申地震五行志秋七月戊子帝被弒於仁壽殿蕭道成議迎立安成王準入居朝堂詳宋書後廢帝紀袁粲傳齊書太祖紀王敬則等傳壬辰安成王即皇帝位改元昇明順帝紀葬蒼梧王於秣陵郊壇西後廢帝紀甲午領軍將軍蕭道成出鎮東府輔政丙申詔罷省御府二署癸卯帝謁太廟順帝紀冬十二月荊州刺史沈攸之舉兵討蕭道成戊辰內外纂嚴壬申司空

袁粲亦遣兵於石頭道成遣軍襲擊粲戰敗死之詳見宋書順帝紀袁粲宗室劉秉黃回等傳及齊書太祖紀王敬則諸傳閏月己巳道成出頓新亭順帝昇明二年春正月沈攸之兵潰丙子解嚴道成還鎮東府詳見順帝紀沈攸之傳三年春二月丙申震建陽門五行志三月齊公道成以石頭爲齊世子宮名聽事爲崇光殿外齋爲宣德殿齊書太祖武帝二紀及王儉傳夏四月壬辰齊王道成廢帝爲汝陰王詳見宋書順帝紀齊書太祖紀

齊高帝建元元年即昇明三年夏四月甲午齊王道成自立爲皇帝幽汝陰王於故丹陽縣庚子詔宋代陵墓量置守衛高帝紀五月弑汝陰王宋書順帝紀六月庚辰奉七廟主於太廟乙酉葬宋順帝於遂寧陵秋九月戊申帝幸宣武堂宴會高帝紀是月秣陵縣獲白雀祥瑞志

冬十月己卯始殷祠太廟以後五年再殷皆不書。高帝紀 十二月朱雀航華表
生枝葉五行志 二年春正月辛丑始祠南郊以後不書 是月魏師南侵南
郡王長懋鎮石頭文惠太子傳 三月己亥帝幸樂遊苑宴會夏五月立
六門都牆六月癸未詔昔歲水旱曲赦丹楊等郡除其逋調高帝紀
秋七月南郡王長懋移鎮西州文惠太子傳 冬十一月乙巳帝幸中堂
聽訟高帝紀 三年夏六月帝幸東府豫章王宅豫章王嶷傳 四年春正月
壬戌詔修建學校二月庚辰詔原京師囚繫除逋責三月壬戌帝
崩於臨光殿高帝紀 是日太子賾即位庚辰詔振卹京師二岸貧窮
夏四月庚寅奉高帝梓宮歸葬於武進癸未詔雨水頻降遣所司
賑卹二岸居民武帝紀 五月雷震於樂遊安昌殿火焚蕩盡五行志 六

月戊戌詔竝日訊京都囚賑賜建康秣陵二縣貧民秋九月丁巳以國哀罷國子學武帝紀武帝永明元年春正月甲子築青溪舊宮作新林婁湖苑南史三月丙辰詔原京師繫囚遣三署軍徒振卹都邑鰥寡武帝紀夏五月丁酉車騎將軍張敬兒有罪於華林園收殺之張敬兒傳是年移琅邪城於白下輿地志二年春正月竟陵王子良鎮西州竟陵王傳秋八月丙午帝幸舊宮小會詔降宥京師獄及三署見徒戊申幸元武湖閱武甲子詔掩埋京師被發墳墓疾病窮困詳加沾賚三年春正月以南郊赦都邑三百里內賑卹二縣貧民是月詔復立國學二月辛丑帝始祠北郊夏五月省總明觀秋七月辛丑詔丹楊所領及餘二百里內見囚同集京師八月乙未帝幸中

堂聽訟是夏琅邪郡旱百姓芟除枯苗至秋擢穎大熟四年春正月辛卯帝幸中堂策秀才閏月辛亥始耕藉田甲寅幸閱武堂勞酒小會戊午幸宣武堂講武三月辛亥幸國學臨沂縣麥不登刈爲馬芻至夏更苗秀癸巳詔揚南徐二州戶租三分二取見布一分取錢以爲永制武帝紀是歲丹楊縣獲白兎符瑞志五年春三月戊子帝幸芳林園禊宴夏四月以殷祠詔減京邑罪六月京師水詔隨宜振賜秋七月戊申詔貸丹楊屬縣逋租九月己丑帝幸孫陵岡商飈館登高冬十月初起新林苑武帝紀是歲竟陵王子良開西邸於雞籠山招集學士竟陵王傳六年春正月壬午詔二百里內囚同集京師遂命皇太子長懋於玄圃宣猷堂錄囚原宥各有差武帝

紀文惠太子傳夏四月石子岡柏木化爲石五行志秋九月帝幸瑯邪城講武冬十月庚申立冬帝初臨太極殿讀時令武帝紀十一月丙戌土霧竟天如烟入人眼鼻二日乃止五行志是歲甘露降芳林園祥瑞志七年春正月辛亥以南郊故普賜京邑貧民夏六月丁亥帝幸瑯邪武帝紀是歲揚州刺史豫章王嶷以疾還第世子廉代鎭東府帝數幸嶷第以宋長甯陵當前路乃徙其表闕麒麟於東岡豫章王傳八年夏四月己巳京邑陰雨十七日五行志六月丙申大雷雨有黃光竟天乙酉都下大風發屋南史秋八月丙寅詔以霖雨氾濫遣中書舍人二縣官長振恤九年春正月辛丑以南郊原遣都下見囚武帝紀三月帝幸華林園禊宴王融傳癸巳明堂災夏五月己未樂遊苑

正陽堂災（南史）秋八月甘露降上定林寺（祥瑞志）部下六水司徒竟陵王子良開倉賑救立廨收養給醫藥（竟陵王傳）九月戊辰帝幸琅邪城講武賜觀者酒肉（武帝紀）是歲秣陵縣安明寺有木自然有法大德三字（祥瑞志）十年夏四月敕爲豫章王嶷起集善寺（豫章王傳）冬十月乙丑帝幸元武湖講武十一月戊午詔以霖雨遣所司賑賜京邑居民十一年春正月癸丑詔原遣京師見囚（武帝紀）丙子皇太子長懋薨於東宮崇明殿敕以東田殿堂爲崇虛館（文惠太子傳）三月震東齋棟崩（五行志）夏五月戊辰詔以水旱故京師二縣權斷酒六月壬午詔霖雨既過遣賑賜京邑居民秋七月丁巳詔風水爲災遣沾卹二岸居民（武帝紀）時有沙門齎赤火至都下療疾禁之不止（南史）

戊寅帝崩於延昌殿衛尉蕭諶王融欲立竟陵王子良不果太孫昭業即位收融付廷尉賜死詳見武帝鬱林王二紀竟陵王王融二傳九月武皇帝梓宫下渚帝於端門奉辭詳梁定志表鬱林王隆昌元年春二月辛卯帝始祠明堂鬱林王紀夏四月淮中魚浮出水上向城門戊子竟陵王子良薨竟陵王傳秋七月壬辰西昌侯鸞弒帝於壽昌殿西弄追廢爲鬱林王迎立新安王昭文詳見鬱林王紀諸王傳丁酉新安王即皇帝位改元延興海陵王紀以宣城郡公鸞領東府明帝紀九月鸞大殺諸王高武諸王傳冬十月辛亥宣城王鸞廢帝爲海陵王而自立改元建武海陵王明帝二紀

十一月癸酉詔省新林苑民地悉以還主明帝紀乙酉立皇考景皇廟於御道西避兄諱改鳳莊門爲望賢太極東堂畫鳳鳥題爲神

鳥而改鸞鳥爲神雀（宗室始安王傳）是月弑海陵王（海陵王紀）明帝建武二年春正月辛未詔係京師繫囚己卯詔埋京師被發冢壙（明帝紀）北魏寇邊丁酉內外纂嚴詔太尉陳顯達往來新亭白下以壯聲勢三月甲申解嚴（明帝紀陳顯達傳）夏四月己亥朔詔三百里內獄訟同集京師克日聽覽（明帝紀）六月甲午殺領軍蕭諶（詳見蕭諶傳）冬十月丁卯詔罷東田毀興光樓十二月丁酉詔修晉帝諸陵增守衛（明帝紀）四年春正月虎犯郊壇傷人（五行志）丙辰殺尚書令王晏（詳王晏傳）是歲青溪宮東門無故自崩大風拔東宮門外楊樹（梁書阮孝緒傳）永泰元年夏四月會稽太守王敬則反以秦南康侯子恪爲名子恪詣建陽門自歸五月前軍司馬左興盛斬敬則傳首建康（詳齊書王敬則傳梁書蕭子恪傳）利

七月己酉帝崩於正福殿當帝疾時巫云後湖水頭經過宮內不利帝乃自至太官行水溝決意塞之欲引淮流會崩事遂寢（明帝紀）是日皇太子寶卷即皇帝位（東昏侯紀）東昏侯永元元年秋七月辛未淮水變赤如血（南史）建康大風十圍樹及官舍民屋皆偃拔京師地震丁亥濤水入石頭漂殺緣淮居民（五行志）詔賜死者材器并賑卹八月乙巳蠲京邑今年調稅（東昏侯紀）帝殺右僕射江祏侍中江祀乙卯揚州刺史始安王遙光據東府反丙辰詔曲赦都下中外戒嚴假領軍將軍蕭坦之節督軍討平之（詳見東昏侯紀始安王蕭坦之徐孝嗣江祏江祀劉暄諸傳）未幾殺坦之衞尉劉暄亦賜死冬十月乙未殺司空徐孝嗣鎮軍將軍沈文季（詳見蕭坦之劉暄徐孝嗣沈文季諸傳）十一月江州刺史陳顯達舉

兵於尋陽十二月至采石京邑震恐甲申顯達濟軍渡淮襲宮城
乙酉蕭軍敗之於西州斬顯達是時大雪梟顯達首朱雀桁而雪
不集（詳見陳顯達傳）二年春二月詔平西將軍崔慧景伐壽陽帝屏除出
琅邪城送之丁未至廣陵還兵內向奉南徐州刺史江夏王寶玄
至京師甲子入樂遊苑東府石頭白下新亭諸城皆潰衞尉蕭懿
將兵入衞大破慧景軍於淮水南夏四月慧景走死殺寶玄（詳見崔慧景
傳及巴陵王昭胄傳）乙丑曲赦京邑六月庚寅帝於樂遊苑內會如三元京
邑女入放觀秋八月甲申後宮火燒屋三千餘間帝乃大起芳樂
玉壽等殿（詳見東昏侯紀）冬十月殺尚書令蕭懿信至襄陽懿弟雍州刺
史衍起兵與荊州西中郎長史蕭穎冑共奉南康王寶融爲主移

檄建康數帝罪惡詳見齊書和帝紀蕭穎冑傳梁書武帝紀長沙王傳三年春正月丙申朔帝與宮人於閱武堂元會皇后正位閹人行儀帝戎服臨視二月丙寅乾和殿西廂火東昏侯紀三月丁未南康王即皇帝位於江陵改元中興和帝紀六月京邑雨水遣所司賑賜東昏侯紀竟陵王故防閤桑偃謀立巴陵王昭胄事洩皆死秋七月甲午新除雍州刺史張欣泰殺中書舍人馮元嗣制局監楊明泰於中興堂遣前南譙太守王靈秀詣石頭迎建安王寶寅向臺城至杜姥宅衆潰殺欣泰等寶寅自詣草市尉赦之詳見竟陵王附傳及鄱陽王寶寅張欣泰傳八月辛未以太子左衛率李居士督西討軍事屯新亭東昏侯紀九月蕭衍軍進頓江寧詳見梁書武帝紀呂僧珍諸傳冬十月甲戌征虜將軍王珍國敗績於朱雀航南衍

軍追至宣陽門戊寅衛尉將軍徐元瑜以東府降己卯光祿大夫張瓌棄石頭走詳見東昏侯紀及梁書武帝紀陳伯之等傳壬午蕭衍鎮石頭命諸軍合圍宮城詳梁書武帝紀十二月丙寅帝被弒於含德殿侍中張稷遣送帝首詣石頭己卯大司馬蕭衍入屯閱武堂詳見齊書東昏侯紀梁書武帝紀張稷傳丙戌入鎮殿中是日鳳皇集建康南史衍下令京邑二縣掩埋戰骨梁書武帝紀和帝中興二年春正月戊戌帝在江陵宣德皇太后王氏臨朝入居內殿齊書和帝紀二月辛酉焚東昏侯淫侈異服六十二種於都街乙丑南兗隊主陳文興於宣武城鑿井得玉鏤騏驎金璧水精環各二枚建康令羊贍稱鳳凰見桐下里宣德太后稱美符瑞歸於相府夏四月辛酉梁王衍廢帝為巴陵王梁書武帝紀

梁武帝天監元年郎中典二年夏四月丙寅梁王衍自立爲皇帝詔凡後宮樂府西解暴室諸婦女一皆放遣戊辰弒巴陵王辛未土斷南徐諸僑縣武帝紀以所居里今上元長樂鄉置同夏縣樂城志又按寰宇記費縣陳公巖是梁又有費縣也癸酉詔公車府謗木肺石傍各置一函以達幽隱武帝紀五月乙亥夜盜入南北掖燒神虎門總章觀害衛尉張弘策前軍司馬呂僧珍捕斬之詳見張弘策王茂等傳秋八月戊戌置建康三官武帝紀癸酉織鳥見樂遊苑冬十一月己未立小廟以祭太祖之母南史是歲大旱米斗五千人多餓死武帝紀初立長干寺景定志表二年春正月辛酉帝始祀南郊南史夏多癘疫冬十一月雷電大雨晦是夜又雷三年春三月隕霜殺草是歲多疾疫四年春二月立建興苑於秣陵

夏四月甘露迷降華林園五月辛卯建康朔陰里生嘉禾南史作定陰里
六月庚戌立孔子廟冬十一月甲午天晴明西南有電光聞如雷
聲三是歲大穰米斛三十皆武帝紀初置敬業寺景定志表五年夏四月甲
寅初立詔獄詔建康三官與廷尉分掌獄事號建康為南獄廷尉
為北獄五月置集雅館以招遠學南史六月庚戌太子統出居東宮
昭明太子傳秋八月辛酉作太子宮冬十一月甲子京師地震武帝紀是
歲置淨居寺景定志表六年春三月庚申隕霜殺草是月有三象入
京師秋七月戊戌大風折木京師大水因濤入加御道七尺九月
丁亥改閱武堂為德陽聽訟堂為儀賢武帝紀是歲帝捨宅為光宅
寺先於小莊嚴寺造無量壽佛像景定志表七年春正月戊戌作神龍

仁虎闕於端門大司馬門外二月新作國門於越城南夏四月辛未秣陵縣獲騶虞（武帝紀）五月都下大水（南史）六月復皇考建陵皇后修陵五里內居民改陵監為令（武帝紀）是歲置涅槃寺（景定志表）八年秋九月皇太子統釋奠於國學（昭明太子傳）九年春正月庚寅新作緣淮塘北岸起石頭迄東冶南岸起後渚籬門迄三橋三月己丑帝幸國子學乙未詔皇太子以下皆入學冬十二月癸未帝幸國子學策試胄子（武帝紀）是歲置本業寺於蔣山里（景定志表）十年春二月辛酉帝始祠明堂夏五月乙酉嘉蓮生樂遊苑是歲作宮城門三重樓及開二道（武帝紀）為宣德皇后作解脫寺於太清里（景定志表）十一年春三月丁巳以旱故曲赦揚徐二州（南史）是歲築西靜壇於鍾山（武帝紀）

十二年春二月辛巳新作太極殿（南史）夏四月京邑大水六月癸巳新作太廟十三年春二月丁亥帝始耕籍田（武帝紀）夏六月都下訛言有棖棖取人肝肺及血以飴天狗（南史）十五年夏六月改作小廟十六年夏四月甲子初去宗廟牲潮溝獲白雀一冬十月去宗廟薦脩始用蔬果（武帝紀）起至敬殿景陽臺置七廟座每月再設淨饌（景定志表）十八年夏四月丁巳帝於無礙殿受佛戒（南史）是歲置惠日寺（景定志表）普通元年夏四月甘露降東宮慧義殿（昭明太子傳）秋七月己卯江溢二年春正月辛巳詔置孤獨園於京師三月庚寅大雪平地三尺夏四月乙卯改作南北郊（武帝紀）丙辰從籍田於東郊五月癸卯琬琰殿火延燒屋三千間（南史）三年春正月京師地震（武帝紀）冬十

一月造猛信尼寺景定志表四年冬十二月戊午始鑄鐵錢武帝紀五年置衆造寺景定志表六年春三月己酉帝幸白下城履行六軍頓所冬十二月壬辰京師地震七年夏四月南州津改置校尉大通元年春開大通門南史三月辛未帝幸同泰寺捨身甲戌還宮武帝紀是歲置國居尼寺景定志表二年魏亂夏四月元彧爭來奔見帝於樂遊園六月彧聞魏亂定先還梁書武帝紀及魏書臨淮王傳中大通元年夏六月京師疫甚帝於重雲殿爲百姓設救苦齋南史秋九月辛巳朱雀航華表災癸巳帝幸同泰寺設無遮會因捨身羣臣以錢一億萬奉贖冬十月己酉帝還宮武帝紀是歲置禪居寺景定志表二年夏四月癸丑帝幸同泰寺設平等會南史庚申大雨雹秋八月庚戌帝幸德陽堂餞

魏汝南王悅還北三年夏四月乙巳皇太子統薨武帝紀秋七月修繕東宮新太子綱權居東府簡文帝紀冬十月己酉帝幸同泰寺說大般涅槃經七日而罷十一月乙酉又幸寺說摩訶般若波羅蜜經七日而罷武帝紀四年春二月揚州刺史邵陵王綸有罪廢爲庶人詳見邵陵王傳秋九月太子綱移還東宮簡文帝紀五年春正月辛卯南郊有神光圓滿壇上戊申京師地震二月癸未帝幸同泰寺發摩訶般若經題七日而罷夏五月戊子京師大水御道通船武帝紀是歲置法苑寺景定志表六年冬十二月丙午西南有雷聲三武帝紀大同元年春三月丙寅帝幸同泰寺設無遮會夏四月再幸鑄十方銀像並設無㝵會冬十月雨黃塵如雪南史是歲置頭陀寺萬福尼寺本願

尼寺廢樓觀[景定志表]是歲省江乘湖熟[記纂淵海]二年春二月戊寅帝幸同泰寺設平等會秋九月再幸設無导會冬十月壬午又幸亦如之十一月雨黄塵如雪辛亥京師地震生白毛[南史]是歲置慈恩普化化成福興善業衆林等寺[景定志表]三年春正月辛丑夜朱雀門災壬寅天無雲雨灰黄色[武帝紀]夏五月癸未帝幸同泰寺鑄十方金像設無导會秋八月辛卯幸阿育王寺設無导法喜食冬十月丙辰京師地震是歲饑[南史]四年秋七月詔以東冶徒李允之降如來眞形大赦[武帝紀]九月帝閲武於樂遊苑[南史]是歲置洞靈觀[景定志表]五年都下訛言天子取人肝以飴天狗數月乃止六年夏四月癸未詔晉宋齊諸陵勤加守護冬十一月己卯曲赦京邑[南史]七年春二

月乙卯京師地震冬十一月丙辰立士林館於宮城西以延學者
九年春閏正月丙申地震生毛（武帝紀）是歲自新亭鑿渠通新林浦
偃江潭苑後未成而罷（景定志表）十年春三月帝幸蘭陵夏四月還宮
放所經縣邑租調冬十一月大雪三尺（武帝紀）十一年春正月震雷
林園光嚴殿災焚閣（南史）是歲置履通濶寒二寺（景定志表）中大同元年
春三月庚戌帝幸同泰寺大會講三慧經夏四月丙戌解講設法
會大赦改元是夜同泰寺浮圖災六月辛巳竟天有聲如風水相
薄秋七月丙寅詔通用足陌錢太清元年春三月庚子帝幸同泰
寺設無遮會捨身羣臣以一億萬錢奉贖夏四月丁亥帝還宮五
月丁酉幸德陽堂宴羣臣秋九月癸卯王遊苑成庚戌車駕幸苑

武帝紀）是歲置幽巖寺儀香尼寺（景定志表）二年夏五月兩月夜見（武帝紀）秋八月魏降將侯景反於壽陽（詳見侯景傳）九月戊辰地震生白毛（南史）冬十月侯景襲據歷陽平北將軍臨賀王正德以船濟景辛亥景遂至建康與正德合軍渡淮乘勝至闕下石頭白下二城皆潰十一月景立正德爲帝改年正平辛酉賊攻陷東府城南浦侯推握節死之丼害中軍司馬楊曒（詳見武帝紀侯景等傳）癸亥戎昭將軍江子一與弟子四子五戰死於承明門外（詳見南史）邵陵王綸自鍾離入援破賊於鍾山愛敬寺乙酉敗潰奔京口十二月癸巳侍中羊侃卒於城中侯景引元武湖水灌城（詳見邵陵王侯景羊侃諸傳）丙辰司州刺史柳仲禮前衡州刺史韋粲等並來赴雄信將軍裴之高自蔡州遣船渡

之共推仲禮爲大都督三年春正月丁巳朔韋粲與賊戰於靑塘敗績死之（詳見武帝紀韋粲侯景諸傳）庚辰邵陵王綸等復至營於航南癸未鄱陽王嗣等攻賊東府城前柵破之戊辰有流星長三十丈墮武庫天門太守樊文皎戰死二月侯景以軍機請和己亥盟於西華門外旣而景運東城米軍乃背盟復擧兵向闕百道攻城丁卯宮城遂陷景入見帝於太極殿己巳矯詔解外援軍除正德爲侍中大司馬（詳武帝紀侯景等傳）夏四月己丑京師地震丙申又震五月丙辰帝以憂崩於淨居殿（詳武帝紀）是日太子綱卽皇帝位癸丑景殺臨賀王正德永安侯確謀誅景不克死之冬十月丁未地震十一月葬武皇帝於修陵（詳見簡文帝紀侯景傳）簡文帝大寶元年春正月丁未天雨黃

沙丙寅月晉見丙午侯景逼帝幸西州三月甲申又請帝禊飲於樂遊苑自春迄夏大旱人相食冬十月乙未侯景又逼帝幸西州是月盜殺武陵侯諮於廣莫門南康嗣王會理等謀襲景景收殺之詳見簡文帝紀及侯景傳二年春侯景築城於大航名曰捍國築域志秋八月戊午侯景廢帝爲晉安王幽於永福省而立豫章王棟改元天正冬十月壬寅景弒帝於永福省十一月己丑復廢豫章王而自立詳見簡文帝紀侯景傳元帝承聖元年春二月湘東王繹遣征東將軍王僧辯等討景三月庚辰由姑孰進軍張公洲辛巳乘潮入淮丁亥與賊戰於西州之西大破之景儀同盧暉略以石頭降僧辯入據之景乘寮城東走是夜軍士遺火焚太極殿及東西堂戊子僧辯遣

太宗梓宮升朝堂貞猛將軍朱買臣沈豫章王棟於水夏四月羊鵾殺景於胡豆洲暴尸建康市乙丑葬簡文皇帝於莊陵冬十一月丙子湘東王繹即皇帝位於江陵（詳見梁書元帝紀王僧辯侯景傳及陳書武帝紀）二年春正月乙丑詔司徒王僧辯討湘州南徐州刺史陳霸先代鎮建康九月庚午僧辯還鎮三年冬十月魏師圍江陵辛未徵王僧辯入衛命陳霸先代鎮揚州（詳見梁書元帝紀王僧辯傳及陳武帝紀）十一月江陵陷帝為魏人所殺王僧辯陳霸先共迎晉安王方智為太宰承制徵帝紹泰元年春二月癸丑晉安王即梁王位三月齊送貞陽侯淵明來主梁嗣五月王僧辯與會於江甯浦納之丙午即皇帝位改元天成以晉安王為太子（詳見敬帝紀王僧辯傳）秋九月壬寅司空陳霸先

襲殺王僧辯於石頭丙午淵明遜位冬十月晉安王即皇帝位詳見梁書敬帝紀陳書武帝紀侯安都傳辛未陳霸先東討震州刺史杜龕等遣侯安都杜稜宿衛丙子譙秦二州刺史徐嗣徽等乘虛襲據石頭丁丑霸先還都十一月庚辰齊遣淮州刺史柳達摩等助嗣徽入於石頭甲辰霸先敗嗣徽於冶城嗣徽往采石迎齊援十二月丙辰霸先又大敗齊兵達摩等入保石頭求和庚申與盟於城門外送齊人北歸詳見梁書敬帝紀陳書武帝紀侯安都傳太平元年春二月甲子詔司空陳霸先有軍事可騎馬出入戊辰外兵參軍王位於石頭沙際獲玉璽四紐送臺三月壬午詔雜用古今錢自去冬至春甘露屢降鍾山梅岡南澗諸處敬帝紀夏五月齊兵由蕪湖南侵於秣陵故治渡淮癸

卯內外戒嚴六月甲辰齊兵潛至蔣山龍尾丁未斜趣莫府山壬子大雨齊軍晝夜立泥中乙卯司徒霸先與戰於北郊壇大破之追奔至臨沂辛酉解嚴（詳見梁書敬帝紀陳書武帝紀）秋九月龍見於御路自太社至於象魏冬十一月乙卯起興龍神虎門二年春正月壬寅帝朝萬國於太極東堂夏四月己卯鑄四柱錢一當二十壬辰改四柱錢一當十丙申復閉細錢冬十月戊辰陳王霸先廢帝為江陰王（梁書敬帝紀）

陳武帝永定元年（即太平二年）冬十月乙亥陳王霸先自立為皇帝丙子幸鍾山祭蔣帝廟戊寅幸華林園聽訟庚辰詔出佛牙於杜姥宅設無遮會帝親出闕前膜拜戊子還皇考神主於太廟十一月

己亥甘露降鍾山庚申都下火二年春正月帝始祀南北郊及明堂三月乙卯幸後堂聽訟還於樓上觀山水賦詩夏四月甲子始享太廟乙丑弒江陰王丙寅帝幸石頭餞司空侯瑱戊辰重雲殿鴟尾有紫烟五月乙未京師地震辛酉帝幸大莊嚴寺捨身壬戌羣臣表請還宮秋七月甲寅嘉禾生五城有樟木流泊陶家後渚詔取以起太極殿八月辛亥帝幸冶城寺送臨川王蒨討王琳未幾追還冬十月乙亥帝幸大莊嚴寺發光明經題甲子再幸設無礙會捨乘輿法物羣臣備法駕奉迎還宮丙寅帝宴羣臣於太極殿東堂三年春正月丁酉夜大雪及旦太極殿前有龍跡見戊申詔臨川王蒨省揚南徐二州獄訟夏閏四月丙午帝崩於璿璣殿

武帝紀 甲寅臨川王蒨即皇帝位乙丑重雲殿災秋八月甲申葬武皇帝於萬安陵文帝天嘉元年夏六月壬辰詔葬梁元帝於江甯辛丑閔哀周忌帝臨於太極前殿赦京師殊死以下秋八月癸未帝臨賢陽殿聽訟丁酉幸正陽堂閱武二年冬十二月甲申立始興王廟於京師三年春閏二月甲子改鑄五銖錢四年夏四月辛丑設無礙會於太極前殿文帝紀 六月賜司空侯安都死詳侯安都傳 秋九月癸亥曲赦京師五年秋七月丁丑曲赦京師九月城西城六年秋七月癸未大風壞靈臺候樓甲申儀賢堂無故自壞九月新作大航冬十二月癸亥曲赦京師天康元年春正月癸酉帝崩於有覺殿文帝紀 是日太子伯宗即皇帝位廢帝紀 夏六月丙寅葬文皇

帝於永甯陵（文帝紀）廢帝光大元年春中書舍人劉師知尚書僕射到仲舉謀遣司徒安成王頊還東府事發收師知下獄殺之秋八月賜仲舉死（詳見劉師知到仲舉韓子高始興王伯茂傳）二年冬十一月甲寅太傅安成王頊廢帝爲臨海王殺始興王伯茂（詳廢帝紀始興王傳）宣帝太建元年春正月甲午安成王頊自立爲皇帝二年春三月丙申皇太后章氏崩於紫極殿夏四月戊寅武宣皇后祔葬萬安陵（約宣帝紀及皇后傳）夏六月辛卯大雨雹冬十二月癸巳夜西北有雷聲三年秋八月辛丑皇太子叔寶釋奠於太學四年冬十一月己亥地震十二月壬寅甘露降樂遊苑甲辰帝幸苑采甘露宴羣臣丁卯詔作東宮五年夏六月治明堂秋九月壬辰晦夜明六年夏四月乙未熒惑臨豫州

陳桃根所上織成羅紋錦被裘於雲龍門外六月己酉改作雲龍神虎門秋九月甘露頻降樂遊苑丁未帝幸苑采露宴群臣詔於苑中龍舟山立甘露亭九年秋七月庚辰大雨震龍安陵華表己丑震慧日寺刹及瓦官寺重門一女子震死冬十二月戊申太子叔寶移居東宮十年春三月辛未震武庫夏四月庚申大雨雹六月丁卯大雨震大皇寺刹莊嚴寺露盤重陽閣東樓千秋門外槐樹鴻臚府門秋八月戊寅隕霜殺稻菽九月乙巳立方明壇於婁湖戊申以始興王叔陵乖王官佃臨賀甲寅帝幸婁湖誓衆時彭城喪師通國搖心故爲是盟約書帝紀冬十月戊寅罷南琅邪郡並建興郡領同夏江乘湖熟臨沂等六縣屬揚州地在江乘臨沂間六縣又有建安島山二

縣也其建康秣陵江寧等縣仍隸丹楊郡宣帝紀及隋地志十一年秋七月
辛卯初用大貨五銖錢秋八月丁卯帝閱武於大壯觀冬十二月
江北諸州盡沒於周其民並自拔還京師癸酉遣開遠將軍徐道
奴鎮柵口前信州刺史楊寶安鎮白下約宣帝紀及景定志表十二年春正
月戊戌以任忠爲平南將軍督緣江軍防夏四月己卯大雩壬午
雨六月壬戌大風壞皐門中闥秋八月甲戌大雨霖九月癸未東
南有風水聲三夜乃止冬十月癸丑大雨雹雷震十一月己未詔
原丹楊建興二郡田稅十三年秋九月癸亥夜大風發屋拔樹大
雨震雹十四年春正月甲寅帝崩於宣福殿宣帝紀乙卯始興王叔
陵斫傷太子叔寶於哀次長沙王叔堅救之叔陵馳還東府謀舉

兵皇后柳氏召右衛將軍蒲摩訶討斬之及新安王伯固詳見長沙始興新安諸王傳丁巳太子叔寶即皇帝位太后柳氏居柏梁殿決庶務帝創愈乃歸政焉詳後主紀及后妃傳甲戌設無碍會於太極前殿秋七月江水色赤如血八月癸未夜天有風水聲乙酉夜亦如之九月丙午帝設無碍會於太極殿捨身及乘輿御服辛亥夜天有聲如蟲飛後主紀後主至德元年春二月癸巳葬宣皇帝於顯寧陵宣帝紀秋九月丁巳天有聲如蟲飛冬十二月戊午夜天開内作青黃色聲如雷後主紀後主二年起臨春結綺望仙三閣詳后妃傳三年冬十二月己未詔修復仲尼廟辛巳帝幸長干寺十二月辛丑皇太子允釋奠於先師後主紀後主是歲殺右衛將軍傅縡詳傅縡傳四年秋九月甲午帝幸元武

湖肄水戰宴羣臣賦詩禎明元年春正月乙未地震（後主紀）是歲欽
太市令章華（詳見傅縡傳）二年夏四月戊申有羣鼠自蔡洲岸入石頭
渡淮至青塘兩岸數日死五月甲午東冶有物赤色自天墜鎔所
聲如雷鐵飛出牆外燒民家丁巳大風激濤入石頭淮渚暴溢漂
沒舟乘時建康城無故自壞有青龍出建陽井冬十月己酉帝幸
蔣山大校獵十一月丁卯詔於大政殿訊獄是月隋遣晉王廣
衆軍來伐（後主紀）三年春正月乙丑朔霧氣四塞隋吳州總管賀若
弼自北道廣陵濟京口廬州總管韓擒虎趣橫江濟采石自南道
將會弼軍戊辰內外戒嚴辛巳弼進據鍾山頓白土岡（詳見陳書後主紀）
隋晉王廣遣總管宇文述自六合濟據石頭以爲兩軍聲援（隋書煬帝）

紀宇文述傳甲申梁軍與弼合戰敗績弼乘勝至樂遊苑燒宮城北掖門是日擒虎自新林至石子岡鎮東大將軍任忠迎降引入南掖門帝自投於井隋軍執之詳見陳書後主紀隋書賀若弼韓擒虎傳斬張貴妃牓於中橋張妃及隋高熲傳丙戌晉王廣入據京城陳書後主紀斬施文慶沈客卿暨惠景陽惠朗徐析等五人於石闕下以謝江南隋書煬帝紀○南史析作祈惠作慧

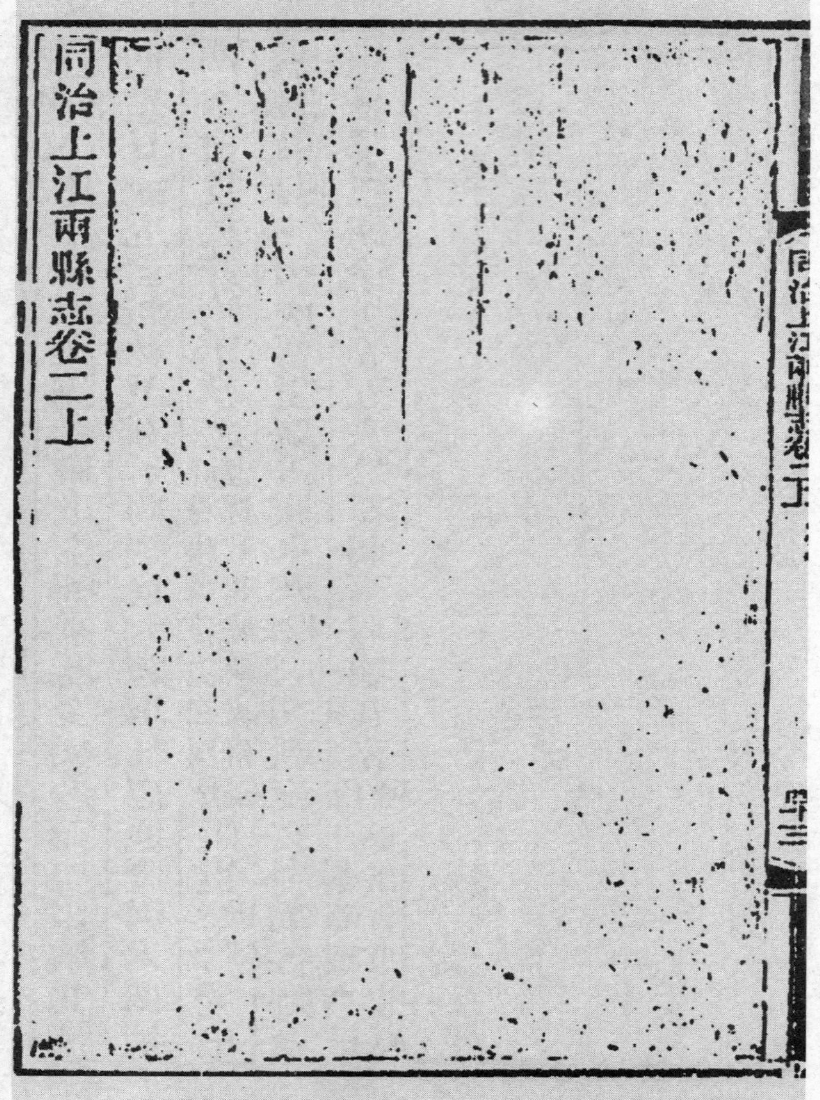

同治上江兩縣志卷二下

考 大事下

隋文帝開皇九年（即陳禎明三年）春正月平陳詔遣使者巡撫（[illegible]紀）建康城邑并平蕩耕墾于石頭城置蔣州廢丹楊郡（隋書地理志）三月己巳陳後主與其羣臣發建康（陳書後主紀）晉王廣班師留王韶於石頭防遏委以後事（隋書王韶傳）十年冬十一月蔣山李悛聚兵反自稱大都督以應高智慧等詔上柱國內史令楊素討平之煬帝大業二年春正月併省州縣（隋書煬帝紀）省建康同夏秣陵三縣入江寧又廢臨沂丹陽湖熟三縣（疆域志）三年夏四月改州為郡（煬帝紀）蔣州復名丹楊郡（疆域志）十一年冬十一月餘杭賊劉元進攻丹楊右屯衛大

將軍吐萬緒濟江破走之（通鑑）十三年冬帝命起丹楊宮將遜於江左未及而難作（隋煬帝紀）恭帝義甯二年吳興太守沈法興起兵攻丹楊諸郡皆下之自稱江南道大總管（唐書沈法興傳）

唐高祖武德元年（即義甯二年）夏五月唐王淵即皇帝位二年秋九月和州賊帥杜伏威請降授東南道行臺尚書令（唐書高祖紀）時海陵賊帥李子通渡江攻沈法興法興奔吳郡于是丹楊諸郡皆降於子通伏威遣輔公祏將兵攻子通丹楊克之伏威乃徙居焉（詳沈法興李子通杜伏威諸傳）三年以江甯溧水二縣置揚州析置丹陽安業溧陽三縣（按唐書丹陽縣爲是年析置舊書不載則九年屬宣州爲無根似舊本有此縣矣）更江甯曰歸化（輿地志）五年秋七月丁亥杜伏威入朝留輔公祏守丹楊（杜伏威傳）六年秋八月

壬子揚州東南道行臺僕射輔公祏據丹楊反國號宋王雄誕不從縊殺之修陳故宮而居焉詔趙郡王孝恭及嶺南道大使李靖往討（唐高祖紀及輔公祏傳）是歲省安業入歸化（肇域志）七年春三月李靖兵至丹楊公祏棄城走死分捕餘黨悉平之（輔公祏傳）是歲更揚州為蔣州（肇域志）八年改蔣州為揚州廢行臺置大都督府更歸化縣為金陵（唐書地理志）冬十二月檢校揚州大都督襲邑王神符始自丹楊徙州府於江都自是揚州之名始專歸於江北（通鑑）九年徙金陵縣於白下郡曰白下縣（方輿紀要白下城在上元縣北十二里古之白石壘也）與句容延陵隸潤州丹陽與二溧隸宣州（肇域志）太宗貞觀元年分天下為十道宣潤二州並屬江南道（地理志）七年移白下縣於治城東（建康實錄唐縣治州城西偏西）

即吳冶城東逮運瀆盤隋江甯縣治之所也八年秋七月江淮大水五行志九年更白下縣曰江甯地理志武后光宅元年秋九月柳州司馬徐敬業舉兵揚州以匡復爲辭武后紀武后謀據金陵使崔洪渡江修石頭景定志疆域冬十月大總管李孝逸平之武后紀分軍三百人守石頭尋置爲鎮仍徙縣倉以實之景定志疆域中宗神龍二年移石頭倉於冶城景定志城闕元宗開元四年升江甯縣爲望縣景定志表二十一年分江南爲東西道潤州屬江南東道通鑑天寶元年置丹陽郡於潤州領句容江甯等六縣景定志肅宗至德元載封顏眞卿爲丹陽縣子冬江陵府都督永王璘反東至當塗二載春二月淮南采訪使李成式等討之璘軍潰其別將渾惟明奔江甯詳唐書永王璘傳是歲以江甯縣置江甯郡

領江甯句容溧水當塗四縣志地理乾元元年冬改江甯郡爲昇州置浙江西道節度使劃潤州之句容江甯宣州之二溧丹陽立上元中依舊兼江甯軍使領昇潤宣歙等十州治昇州肅宗紀及景定志表二年夏詔天下臨江帶郭各置放生池始江州迄昇州凡八十一所樂城志上元元年冬十一月江淮都統劉展反濟江襲下蜀昇州刺史侯令儀棄城走丙申展陷昇州二年春正月平盧節度使田神功討斬之餘黨悉降詳田神功劉展傳廢江甯置上元縣元和郡縣志又按舊唐書乾元中丹陽縣來屬昇州上元二年仍舊隸宣州寶應元年廢昇州上元治永濟宮復隸潤州樂城志是歲江東大疫死者過半肅宗紀代宗大曆五年行營防禦使張萬福討平盧叛將許杲於當塗杲移軍上元因北走楚州死通鑑德宗建中二年夏以浙江西

道爲鎮海軍治潤州紀德宗四年朱泚亂長安鎮海軍節度使韓滉築石頭城繕治館壁起建康抵京峴以備巡幸韓滉傳貞元二年夏六月江溢六年夏浙西旱八年秋八月江淮大水害稼五行志遣官宣撫賑貸德宗紀永貞元年秋江浙旱五行志憲宗元和二年冬十月鎮海節度使李錡反遣牙將庾伯良治石頭尋爲其將張子良所執獻江東平詳李錡傳三年江南旱憲宗紀四年春江南旱饑遣使賑恤通鑑七年潤州水害稼五行志穆宗長慶二年冬十月詔江淮旱損令所在觀察使取常平義倉斛斗時估減糶以惠貧民三年冬十二月浙江觀察使李德裕奏去管內淫祠一千一十五所穆宗紀寶曆元年秋浙西旱五行志文宗太和四年江南大水害稼出官米賑給文宗

紀八年夏江淮旱五行志冬十月浙西水災文宗紀武宗會昌元年秋江南大水宣宗大中十二年秋八月潤州水害稼五行志懿宗咸通七年江淮大水九年江淮旱蝗僖宗中和四年江南大旱饑五行志光啓二年感化牙將張雄馮宏鐸將兵度江壁白下號天成軍因襲據蘇州三年夏四月雄遣其將趙暉入據上元五月宣州觀察使秦彥將兵救淮南遣上元暉邀擊之暉以上元爲西州大治壘城而居之不與雄通問冬十一月戊午雄攻上元拔之金陵新志上元時徙治鳳臺山西昭宗大順元年置昇州於上元以張雄爲刺史景福二年秋七月雄卒馮宏鐸代之乾寧二年宏鐸以昇州附淮南楊行密詳見通鑑天復二年宏鐸爲宣州田頵所敗棄城走淮南因取昇州十國

春秋吳世家三年秋九月寧國節度使田頵襲昇州刺史李神福時擊鄂頵得其妻子以書招神福神福斬使者還軍討平之十國春秋李神福傳天祐六年淮南左右牙都指揮使徐溫以金陵形勝戰艦所聚乃自領昇州刺史留廣陵遣假子知誥爲昇州防遏使兼樓船軍使往治之九年夏淮南以徐知誥爲昇州刺史知誥選用廉吏修明政教以宋齊邱爲謀主十國春秋南唐世家十一年始城昇州建大都督府吳世家十四年夏五月鎮海軍節度使徐溫行部至昇州愛其繁富乃移鎮海軍治所於昇州自居之南唐世家是歲析上元南十九鄉當塗北二鄉置江寧縣一統志東自太平橋街北至淮水與上元分界○舊城志云南唐保大二年置治在州城西偏又西即吳冶城始與上元同倚郭

吳睿帝武義元年淮南始建國號曰吳二年秋七月改昇州大都督府爲金陵府拜徐溫爲尹冬十二月金陵城成建紫極宮於治城故址（吳南唐二世家）睿帝順義二年以同泰寺之半置臺城千福院四年建興教寺於石頭乾貞元年冬十月大丞相徐溫卒子知詢代爲金陵尹二年冬朝於廣陵知誥留之以弟知諤爲金陵尹太和三年冬十二月知誥歸鎭金陵如徐溫故事四年春二月作禮賢院於府舍秋八月廣金陵城是歲鍾山陽積蟹尺許有數千僧啗之立盡五年夏宋齊邱勸知誥徙帝都金陵知誥乃繕府治爲宮徙都統府於臺城六年春正月乙未知誥移居都統府虛府舍以俟車駕二月帝諭知誥罷遷都使還居府舍甲申金陵大火乙酉

爻火是歲東海王徐温孫景遷建報先院於金陵天祚元年冬以知誥爲天下兵馬大元帥封齊王二年春正月建大元帥府冬十一月詔以金陵府爲西都三年春正月知誥始建齊國改金陵府曰江甯牙城曰宫城廳堂曰殿三月以受册命赦境内更名誥秋八月齊王誥廢帝爲讓皇皆南唐世家

南唐烈祖昇元元年即吳天祚三年冬十月甲申齊王誥自立爲皇帝改齊明門爲乾元門是日白雀翔中庭二年夏五月丁卯廣濟倉災焚米三十萬六月改吳興閣爲昇元閣瓦官寺爲昇元寺冬十月丙子立太學壬辰命吳王璟勒步騎八萬講武銅駞橋三年春二月己卯帝御興祥殿改國號曰唐復姓李更名昇三月庚午作南

郊行宮千門夏四月庚辰帝始享太廟乙巳始祀南郊五月作北郊於元武湖西秋七月放珍禽奇獸於鍾山自五月不雨至於閏七月冬十月丁丑帝御後樓閱戰馬冬十月以齊王璟讓儲位赦殊死以下京師賜酺庚戌帝幸東都十二月丙申還宮是歲改崇英殿曰延英凝華內殿前曰昇元後曰雍和興祥殿曰昭德積慶殿曰穆清五年冬十一月定民稅以肥瘠為准六年春正月金陵大水秦淮溢築隄為斗門以疏導之七年春二月庚午帝殂於昇元殿三月己卯朔齊王璟即皇帝位改元保大秋七月使弟齊王景遂居東宮景遂固讓不許冬十一月壬寅葬烈祖於永陵元宗保大二年秋八月帝幸飲香亭觀蘭五年春正月丁亥朔大雪帝

召齊王景遂登樓賜宴賦詩南唐世家秋閏七月丁丑夜有彗出東方

南唐書元宗紀七年春正月帝召大臣宗室赴內香宴南唐世家齊王景遂改

長慶寺曰奉先以資烈祖冥福景遂傳九年夏五月辛未有大星自

西南流墜西北光燭地聲如雷十年春二月始行科舉藝能南唐世家

是歲大旱命權務減征之半伶人李家明傳十一年春三月金陵大火逾

月夏秋旱蝗淮流可涉民饑南唐世家是歲復行科舉徐鉉傳十二年春

正月有大星隕於西北自去年八月不雨至於三月大饑疫南唐世家

十三年冬十一月周人來侵十二月以安定郡公從嘉爲沿江巡

撫是歲天裂東南南唐世家十四年春三月以奉使請割地故斬李德

明於都市詳見李德明傳十五年冬十二月金陵大火一月數發交泰元

年劃江北地與周和下令去帝號稱國主用周正朔是歲金陵大霧周世宗顯德六年夏六月城金陵秋七月鑄當十大錢未幾罷之

宋太祖建隆元年春正月周殿前都點檢趙匡胤稱皇帝江南遂臣於宋是月始鑄鐵錢二年春二月國主遷於南都使太子從嘉監國夏六月乙未國主殂秋七月太子從嘉嗣立於金陵改名煜八月國主梓宮至金陵丁未殯於萬壽殿冬十二月置龍翔軍以教水戰三年春正月戊寅葬元宗於順陵乾德二年春二月始行鐵錢（南唐世家）冬十一月國后周氏殂於瑤光殿西室（傳國后）三年春正月葬昭惠后於懿陵秋九月雨沙聖尊后鍾氏殂冬葬光穆皇后

於順陵（南唐世家）五年春命兩省侍郎諫議給事中中書舍人集賢勤政殿學士更直光政殿又置澄心堂於內苑清輝殿後引文士居之中書密旨皆由以出（詳南唐世家及張洎徐鉉等傳）開寶二年冬國主校獵於青龍山還憩大理寺錄囚原貸甚衆（南唐世家）三年春命境內崇修佛寺改寶公院爲開善道場又有報慈淨德等院（南唐世家及方外傳）五年春二月下令貶儀制先是金陵殿閣皆用鴟吻自乾德以後宋使至則去之使還復設至是始去不復用六年江南饑（南唐世家）宋遣使徵國主入朝國主託疾不行七年冬閏十月宋遣大將曹彬等率師來伐十一月自采石以浮梁濟江十二月敗江南兵於白鷺洲金陵始下令戒嚴去開寶年號但稱甲戌歲時江南災異迭見苑中鹿

作人語有神首見於城樓遶雁繞城悲鳴遺矢白臭月餘乃止八年春二月乙丑曹彬拔昇州關城夏四月壬戌敗江南軍於秦淮北國主殺其都指揮使皇甫繼勳十一月宋師百道攻城乙未白虹貫日金陵陷國主帥羣臣肉袒降將軍咼彦馬誠信及弟承俊力戰死勤政殿學士鍾蒨右內史侍郎陳喬皆死之詳見南唐世家及宋史曹彬傳吳越兵燒昇元閣避難其上者焚死殆數百人十國春秋自是江南入於宋詔出米十萬石賑城中饑民以江南府為昇州九年春正月曹彬遣送江南國主李煜於汴詔賜諸軍所虜人口還本主冬太宗即位改元太平興國取蔣山大鐘置太平興國寺是歲置江南府上元縣都監案太平興國二年江南轉運使樊若水於昇州

出銅處置官鑄錢卽改鐵錢爲農器以給流民歸附者八年春二月詔禁江南民家私畜兵器景定志表秋七月江溢雍熙二年春三月江南饑許渡江自占宋史太宗紀夏四月遣使振之景定志表三年秋八月詔昇宣等州雍熙二年官所賑貸並蠲之淳化四年春二月江南饑遣使巡撫太宗紀五年省上元縣淳化鎮至道三年旱除昇州今年秋稅眞宗咸平元年江東轉運使陳靖請除江南二稅外沿征錢物二十四事景定志表三年江南旱振之景德元年秋閏九月江南旱遣使決獄訪民疾苦祠境內山川冬饑復振之宋史眞宗紀是年改陶吳鎮爲金陵鎮在江甯縣南六十里三年省江甯縣秣陵鎮景定志表大中祥符二年夏四月戊子昇州火遣御史訪民疾苦蠲被火屋稅眞宗紀

是歲昇州黃雀飛蔽日又鬪空中若水聲三年秋八月以昇州亢旱火災遣內侍撫問醮禱（景定志表）四年夏六月遣使安撫江南水災（眞宗紀）秋八月以知昇州兼江南東路安撫使詔賞太平興國寺及寶誌塔殿（景定志表）五年夏五月江淮旱給占城稻種教民種之（眞宗紀）冬十月遣知制誥陳堯咨詣蔣山祭寶誌公（畢鑑）是歲除昇州牛租（景定志）六年賜天禧寺額曰長干寺（景定志表）七年秋八月除江淮被災民租（眞宗紀）天禧元年夏六月知昇州丁謂請疏後湖爲塘陂以畜水縱貧民漁採又乞減放後湖旱租五百五十餘貫皆從之秋八月詔太平興國寺歲度僧二人是歲改長干寺曰天禧塔曰聖感二年春改昇州爲江寧府建康軍節度治上元江寧二縣（上元治白下橋）

南唐司會府地建炎中徙今治有過化土橋湖熟五步四鎮二十一鄉江寧治在城西北去宮城三百步有金陵秣陵江寧三鎮二十一鄉皆次赤縣二月以皇子壽春郡王行江寧尹充建康軍節度等使封昇王景定志表四年春二月癸未遣使安撫江淮饑民真宗紀是歲改元武湖爲放生池客座贅語江淮稔真宗紀仁宗天聖元年秋江南大饑官出粟以平價景定志表四年夏閏四月戊申減江淮歲漕米五十萬石仁宗紀五年秋七月江寧府江水溢壞官民廬舍遣使安撫振恤畢鑑是歲鑿義井於天禧寺景定志表七年建江寧府學客座贅語明道元年江淮旱災官發米爲糜以哺流民景定志表二年詔發運使以上供米振江淮饑民死者官爲之葬畢鑑景祐元年徙府學於府治東南客座贅語慶歷四年并州開寶寺塔災八年江寧府治火景定志表惟南唐玉

燬殿僅存畢鑑 皇祐三年夏知江甯府事始帶提轄本路兵甲盜賊公事兼屯禁兵景定志表 秋八月江南饑遣使安撫仁宗紀 四年春三月丙辰詔蠲江南民所貸種糧景定志表 嘉祐元年夏五月江溢仁宗紀 四年詔江甯府置江南東路兵馬鈐轄英宗治平四年冬十月詔選禁軍駐劄江甯府增龍安淺戰棹移巡檢廨宇止絕鹽賊神宗熙甯三年冬十月詔江甯府織羅務自今並三班差人不用內侍十一月詔江甯府錄事參軍令後差職官知縣及奏舉縣令人充五年秋閏七月分京東武衛軍權駐泊江甯府以備盜賊景定志表 六年冬十月振江淮饑神宗紀 七年詔賜江甯府常平倉米五萬石以修水利景定志表 八年春正月蠲江南東路上供米給災傷州軍神宗紀 九

年春判江甯府王安石請泄元武湖水使民耕種從之詳見咨座贊塔秋八月詔發運司以所存上供米減直予江東民神宗紀元豐七年夏六月王安石捨宅為寺賜額報甯哲宗紹聖二年詔知江甯府事兼江南東路鈐轄三年夏六月庚申從赦令所言江甯上元二縣並行鹽禁法景定志表四年春二月詔江淮巡檢依舊法招置土兵哲宗紀徽宗大觀元年詔以江甯險固足守改江甯府為帥府景定志表及徽宗紀三年詔江甯府管界巡檢今後並差大使臣是歲夏秋旱官為措置振濟詔減江甯府歲貢生白瓜子雞三之一景定志表政和三年江東旱重和元年江淮水詔有司還集流民徽宗紀宣和二年冬十月詔減省江甯府添差兵官人數景定志表三年春睦賊方臘陷衢閾

旌德知縣劉延慶退守金陵未幾賊平夏五月詔江甯府帶安撫使並修江甯府城壁留兵分戍（詳景定志補表）五年夏詔江南提舉鹽事官於江甯府置司高宗建炎元年夏五月江甯府禁卒周德叛執知府宇文粹中經制司屬官鮑貽遜討降之而桀驁如故新除尚書右僕射李綱行次江甯與權府事李彌遜（畢鑑作彌遜）謀磔之於市六月綱至行在請以建康爲東都備巡幸（以上均約景定志表參以畢鑑）於是道沿江帥府江甯府帶本路安撫使仍以馬步軍都總管繫銜是歲詔江甯府修建景靈宮二年夏六月詔疏決建康繫囚戶部尚書葉夢得請以重臣爲宣撫使居江甯以備退保冬十二月詔江東武臣提刑於江甯府置司三年春正月帝幸浙西以楊惟忠節制

江東軍馬屯江甯府景定志表二月御營統制王亦將京軍駐江甯作亂焚天慶觀江東副使李謨率民兵禦之亦遂斧南門而去畢鑑三月詔欲移蹕江甯府陞江甯府預辦程頓等事景定志表是月苗傅等於臨安爲逆同簽書樞密院領江甯府事呂頤浩舉兵討平之詳宋史高宗紀及呂頤浩等傳夏五月帝幸江甯駐蹕神霄宮改江甯府爲建康府六月久雨不止景定志表甲戌帝入居建康府行宮畢鑑秋七月丙戌皇太子旉薨攢於建康城中鐵塔寺西景定志表是月浙西制置使韓世忠屯蔣山以建康知府連南夫緩不及事逐之畢鑑閏八月帝聞金兵漸近遂幸浙西命尚書右僕射杜充領行營守建康冬十月東陽鎭添置巡檢一員十一月金人由馬家渡入犯遂陷建康江淮

宣撫使杜充遁總領李梲知建康府事陳邦光皆降通判楊邦乂死之是歲置榷貨務都茶場於建康四年夏四月金人焚建康去統制岳飛敗之於靜安五月兀朮復趨建康飛追敗之於牛頭山時浙西制置使韓世忠以舟師扼黃天蕩兀朮乃傍治城西南鑿渠以遁秋九月置建康府路安撫大使紹興元年置屯田局於建康詔收瘞骸骨二年詔沿江修守備是歲江東西宣撫使置司建康三年韓世忠駐建康江東漕臣月椿錢以酒稅上供經制等鈔應副月椿錢自此始四年秋七月知府事呂祉招置水軍三指揮是歲韓世忠移鎮江淮西宣撫使張俊鎮建康六年夏六月右僕射張浚會諸將於江上表請帝臨幸建康七年春正月詔內侍於

建康府元符萬壽宮爲道君皇帝修祈福道場以上俱景定志表約置御前軍器局於建康非鑑三月辛未帝幸建康癸酉減建康流罪以下四蠲建康府逋賦及下戶今年身丁錢乙酉賜少師劉光世第於建康夏四月癸巳築太廟於建康戊戌修濬建康城池高宗紀秋七月建康旱疫詔所在給藥助葬冬十月久雨詔侍從官詣保甯寺祈晴是月知府事張澄請罷修府城減夏稅折帛從之景定志表十二月檢校官張宗元爲建康有樂冰花文如畫至春乃止是年築宣化渡城陳志八年春帝將還浙詔建康府乘輿留守司二月遂發建康景定志表是月減建康夏稅折輸錢蠲民戶逋租和市科調秋八月蠲江東月樁錢高宗紀九年春修建康府學又作小學於大門之東增致

官一員置紬書閣以藏書重建晉卞壼祠十年建康大火延燒府治惟軍資庫及大軍庫無損十一年春正月金人寇邊知府事葉夢得遣其子模守馬家渡金人退三月癸丑淮西宣撫使張俊駐屯建康號鐵山軍時淮西江東軍馬錢糧總領所亦移置於建康十五年秋七月免建康民戶見欠官錢六萬餘貫冬十月免建康近年增起上供米額二萬四千餘碩十六年夏五月以御書石經本頒府學以上俱景定志表 十七年秋九月蠲江東月樁錢十八年夏江東旱高宗紀 二十五年封秦檜建康郡王二十七年蠲江東積欠內庫錢帛鉅萬詔川馬不赴行在送江上諸軍建康得七百五十四二十九年夏六月詔截止建康起發冰段三十年夏六月賜城北

黑龍神廟額曰孚澤景定志表三十一年春金人入犯帝命元樞葉義問督視軍馬冬十一月義問至建康虜騎已逼人民驚擾會中書舍人虞允文敗金兵於采石江中具捷以聞丙申天重陰詔起和國公張浚判建康府事詳宋史高宗紀虞允文傳及景定志表十二月帝親征至建康詔建康添辟通判一員立江神廟於建康賜額佑德三十二年春詔立建康選鋒軍統領姚興廟賜額旌忠二月癸卯帝發建康如臨安冬十月除上元縣金陵鍾山慈仁三鄉瀕江田租孝宗隆興元年夏六月詔立建康府前軍統領王琪廟賜額忠節景定志表秋八月江東大水悉蠲其租孝宗紀二年夏詔於石頭城置忠毅柵以處降人景定志表秋七月江東大水孝宗紀乾道元年開西閘河道巡柵

梁門令水入江先是知府事張孝祥創此議而汪澈繼成之景定志

二年春二月振江東饑孝宗紀夏建康民朱端明等謀反事發斬之秋詔建康守臣招鄂貧乏歸正人冬十二月詔置橋酒庫撥蕭鵬巴軍管幹收息錢充犒賞用三年秋九月以知府事史正志總治江舟師十一月就令建康都統司招水軍五百人景定志表十二月江東蝗振之孝宗紀四年春史正志請於建康府置船場增造戰棹又以蔡寬夫宅創貢院移放生池於青溪景定志表冬十二月減江東明年夏稅和市之半孝宗紀五年春詔建康修蓋牧馬官兵寨屋是歲重修鎮淮飲虹二橋景定志表六年夏江東水孝宗紀閏五月詔放免被水民戶今年身丁錢冬十一月詔建康添置行宮酒庫一所景定志表

七年春江東旱振之（孝宗紀）夏五月詔移廬州軍酒庫於建康是歲宰相虞允文移馬司屯於建康八年秋七月詔放免建康府絹二千五百匹冬十一月詔建康府都統郭綱將戰馬就建康牧養（景定志表）九年旱（孝宗紀）淳熙元年春正月知建康府事始兼管內勸農營田使二年大旱官爲蠲租平糶三年重修府學立明道先生祠（景定志表）四年春正月詔沿江諸軍歲再習水戰五年夏閏六月壬寅留建康府轉般倉（孝宗紀）八年歲旱知府事范成大振之十年知府事錢良臣請修築上元縣陂圩並墾地五百餘頃（景定志表）是歲建康旱（孝宗紀）十一年建康大水詔振恤之始立養濟院十三年春三月移采石水軍二千五百人屯靖安鎮光宗紹熙元年知府事余端禮築

紹熙二年新營兵民始不相雜三年知府事余端禮修府貢院景定志表是歲江東水四年秋八月振江東旱傷貧民紀光宗五年振江東水災仍蠲其賦寧宗慶元元年春正月詔江東荒歉收養遺棄小兒紀寧宗是歲建府學御書閣議道堂重修北門親兵寨景定志表四年春正月丁卯詔有司寬恤江淮流民六年振建康府旱紀寧宗是歲郡人朱舜庸修建康續志景定志表嘉泰元年振江東旱仍蠲其賦寧宗紀開禧元年重建鎮淮飲虹二大橋三年置沿江堡塢景定志表嘉定元年秋八月發米振糶江淮流民紀寧宗二年夏建康大旱蝗三年建康旱蝗發廩振之仍蠲其稅四年增養濟二院於城南北五年建治城忠孝堂於卞壼側作晉元帝廟八年夏江東旱蝗發帑廩

振之開東門新河立范忠宣公明道先生祠六月詔除江寧民戶增科家業營運錢並和買紬絹錢三千七百餘貫秋七月創置唐灣水軍（景定志）九年秋九月詔江東被水甚者蠲其租（寧宗紀）是歲創漕司貢院於青溪西十年秋七月開行宮後古珍珠河見水底有板乃止十二年知建康府事始兼沿江制置使十四年夏大水淮西總領商碩立鄭介公祠於清涼寺冬十一月併唐灣靖安水軍爲一置統制統領各一員十五年知府事余嶸建平止倉於廣濟倉左（景定志表）十六年秋九月詔振恤江淮被水貧民（寧宗紀）是歲重建貢院十七年冬十一月詔增屯兵馬於建康以防江軍爲額理宗寶慶三年創沿江制置司僉廳紹定元年募效用軍二年增收後

湖口租遂爲劉端平三年立義冢二所於覆舟山龍光寺以收江北戰骨嘉熙元年府學置房廊始立貢士庫淳祐元年修府學二年秋九月知府事杜杲築寨於龍灣治礮於東陽三年創張宣公祠於天禧寺增府學養士田閻舊租蠲浙租五年秋八月招策勝六軍其右軍中軍屯建康六年知府事趙以夫修府學明德堂闢大成殿兩廊以妥從祀七年廣衙兵教場建指授堂鑄兵於馬鞍山下鐵冶灣勢招募精銳軍十年夏五月封吳淵爲金陵侯府學增先賢祠撥後湖田創義莊以助貧士亟建明道書院十一年知府事吳淵建錦繡堂於府治左鎮青堂於郡圃十二年淮西總領陳綺建翠微亭於石頭山（景定志表）寶祐二年春三月蠲江淮今年二

稅（理宗紀）三年冬十月減沙租課額三分之一倚閣元年夏稅秋苗折帛等錢四年招募御前游擊軍並創軍寨於武定橋東從諸酒坊吉凶街冊額錢倚閣二年夏稅折帛等錢是歲沿江制置使知府事馬光祖閱水軍於龍灣五年重建府治堂宇御賜忠實不欺之堂額甃御街及鎮淮飲虹二橋蠲上元江甯二縣欺隱稅額給借百姓錢本營運措置居養院以處無告之民創安樂廬以拯道途疾患者冬大雪振軍民倚閣二稅六年移平江府新招軍三千人駐建康鎮淮橋燬於火重建之（景定志表）上元知縣陳寅請以廢圃爲學宮（陳志）開慶元年創游擊新軍寨於西門內置安樂房以療其疾患景定元年濬建康城濠築羊馬牆創柵寨門甃城濬青溪修

内外諸橋皆知府事馬光祖自書榜其他興建官署祠宇亭館甚衆蠲前政所出營運逋負減諸坊酒額葺義阡四所二年秋八月周應合漸修建康志成上元始建學惟政鄉獄瑞麥冬十一月知府事姚希得以至節濟丙丁戶貧民雪寒又濟之三年春三月修諸城門砌錮綵坊街夏六月修行宮增轉般倉蠲減營運官錢逋負倚閣上元苗稅冬寒撥米平價振糶至節歲節皆濟貧民四年修社壇府學明道書院及諸廟祠官廨江甯始建學創招甯江新軍並造褁倚閣上元江甯二縣苗稅蠲減營運息錢是歲上元江甯二縣經界民田五年春給貧民錢修養濟院蠲減營運逋欠倚閣二縣稅蠲收牛筋角欠數濟丙丁貧戶錢夏四月馬光祖復知

建康創制司參機四廳於青溪南造先鋒馬船寨及和州屯田倉度宗咸淳元年創撫爲軍屯田倉代納五縣人戶夏稅設及幼局及平糴助糴倉庫增明道書院養士錢修行宮重建長干橋二年招填闕額軍改築礮藥庫於青溪上更廣濟倉爲廣儲創制司倉於左初設平糴倉修四義阡分命二縣縣尉主之是年大水饑發平糴米振糶三年重建貢院於青溪南修南軒祠撥田爲修葺費創小學撥米一百石爲危橋助設暫濟館於龍灣蠲減河稅務歲額商稅錢一分四年春正月創助糴西庫景定志表閏正月建康大風雷雨至正志表二月創南軒書院三月軍民病疫委官監醫給錢藥夏四月代輸下五等戶夏稅放免夏稅市例錢秋九月代輸下戶

秋苗冬十一月造銅錢並木解焚舊鈔錢於通衢五年春正月徵高年創三至堂三月淮南民流入境分遣官屬振之景定志表六年江南大旱九年江南地生白毛至正志表免沿江旱澇屯田租十年春正月詔減江東沙圩租米度宗紀秋元丞相伯顏自鄂州南伐冬十月侍郎趙溍總兵巡江至正志十二月詔建康振避兵流民度宗紀恭宗德祐元年春二月元兵屯雨花臺沿江制置使知府事趙溍棄建康城遁都統翁福徐王榮降元丞相伯顏平章阿朮入城於府治開省設建康路宣撫司江寧上元二縣皆設達魯花赤縣尹主簿縣尉等官受行中書省劄付句當詳見至正志表時阿朮居明道書院儒人古之學等請伯顏給榜文還復書院遂設路學儒籍至正志學校夏

大疫伯顏開倉振飢給醫藥自是建康入於元

元世祖至元十三年春二月行中書省徙治揚州是歲江甯縣達魯花赤夾德以越城側故縣尉衙改縣治十四年設江東道提刑按察司宣慰司皆治建康罷建康宣撫司改立總管府總管錄事司江甯上元句容溧水四縣元史以上元爲首邑東西九十五里南北八十五里十八鄉五十二里至正志以江甯爲首邑東西八十五里南北九十八里二十三鄉八十六里皆倚郭中縣又設宣課提舉司平準行用交鈔庫十六年設東西織染局於建康十八年設淘金總管府於花林市下十九年詔民戶今年差發三分免一商稅三十分取一立養濟院至正志表是歲江南大水令所在振饑二十年夏五月免江南稅糧三之二元史世祖紀二十二年立江淮行樞密院於宋建

康府治宣慰司徙大軍府內詔江南百姓典子官爲收贖田主所收佃客租課十分免一除醋課弛魚禁二十三年行御史臺移治建康路（至正志是年徙江東按察司於宣州與元史異）二十四年罷淘金總管府改立建康等處淘金提舉司二十五年春正月詔選高僧開講於江南諸郡改天禧寺爲元興天禧慈恩旌忠教寺立財賦提舉司於宋轉運司故治二十六年行御史臺移治揚州（至正志）二十七年治江建康等城置七萬戶府二十八年春正月免江淮貧民逋租（世祖紀）詔南方儒人可取者各路歲舉一人夏五月改按察司曰肅政廉訪司二十九年春三月行御史臺自揚州再移建康徙行樞密院於鎮江罷淘金提舉司并入金銀銅冶轉運司管領三十年行樞密

浣於江北河南行省下萬戶府撥軍二千餘名於龍灣教習三十一年夏六月免江淮今年夏稅之半至正志表成宗元貞元年夏五月建康水詔改天慶觀爲元妙觀毁所奉宋太祖神主二年夏六月建康蝗振之成宗紀大德元年益都新軍萬戶府自寧國路移鎮建康至正志表二年春正月建康水振之仍弛澤梁之禁成宗紀是歲罷金銀銅冶轉運司除建康路金額淘金戶併入元籍當差三年春正月免江南夏稅十之三二月革江東宣慰司是歲置惠民藥局四年春建康旱秋八月儒學災惟存尊經閣及東西二教授廳至正志表九月振建康饑民成宗紀冬十一月詔江南租稅皆免一分十二月大雪踰尺至正志表再振建康饑民成宗紀五年秋七月大風江漲損禾

淵人冬十一月開後湖河道是歲重建廟學郡人王進德建明德堂六年春三月詔免江南夏稅至正志表秋七月建康民饑以米二萬石振之成宗紀八年春正月詔江南佃戶私租十分減二至正志表是歲徙建康路廉訪使於甯國共建康儲積命監察御史鉤考成宗紀九年春二月詔免江南租稅十之二十一年夏五月詔江南路夏稅免五分秋糧免三分是歲大旱民饑疫中丞廉道安總管岳天禎等勸富民出鈔振濟武宗至大元年夏建康民饑疫官爲振濟秋七月詔免本路夏稅至正志冬十月又免酒課十之三武宗紀二年春三月詔免江淮被災之家今年夏稅及逋負至正志表夏六月江甯上元蝗武宗紀四年春正月免江南夏稅三分至正志表仁宗延祐元年秋

八月建康大水發廪減價振糶二年春正月勅以江南行臺贓罰鈔振饑紀仁宗是歲罷行臺哈必赤百餘人皆恃勢擾民者四年春閏正月免江淮夏稅十之三七年春三月免江淮夏稅十之三以前逋征悉免之建帝師寺於保寧寺北英宗至治元年郡人王霖立江東書院行省設山長置廣運倉於龍灣山前受諸路漕糧下海二年冬十一月詔免江淮今年包銀及官田租十之三至正志表三年秋七月免江淮增科糧紀英宗九月泰定帝登極冬十二月詔倚免江淮包銀三年泰定元年春閏正月除江淮刱科包銀是歲懷王圖帖睦爾封藩建康二年春正月蔣山太平興國寺災三年建康路總管議開濬陰山運糧河道尋以動土例禁罷役至正志表四年

夏四月建康饑振糶鈔有差泰定帝紀致和元年春二月圖帖睦爾建
大崇禧萬壽寺於蔣山興國寺後秋八月各省科買其術建康路
得中旨優免九月圖帖睦爾襲位改元天曆文宗天曆二年詔即
潛邸建大龍翔集慶寺設集慶萬壽寺營繕都司所屬有財賦提
領所供粢龍翔寺並管改建康路為集慶路是歲旱荒勸率上戶
振濟至正志表至順元年春正月集慶路饑夏五月免江淮夏稅十之
三文宗紀是歲復立江淮財賦提舉司二年詔改元妙觀為大元興
永壽宮亭為飛龍亭至正志表三年冬十月免江淮夏稅十之二寧宗紀
順帝元統二年春三月獲劇盜王念二等於秦淮秋江寧旱營繕
都司例革至元元年修行臺江淮財賦提舉司例革三年秋江寧

阜三年龍翔寺提領所例革并入營農提舉司四年濬臺治後溝故道東緣青溪西通柵寨門至清涼寺下會秦淮河上元縣委官修砌接官亭東驛路五年設常平倉於舊廣備倉所上元縣挑濬龍光河自算子橋經石頭城下至馬鞍山秋九月大雨至正元年立晉南王阿剌罕祠於集慶路柴市寶戒寺側仍撥賜官田二千頃革營農提舉司以所管龍翔寺田糧歸本寺二年春三月總管府災冬拆門樓房屋三十餘間移更鼓於西南隅樓新蓋察院及行臺門廡亟修卞公祠天禧寺僧修砌長干橋至上門堤街三年秋八月蝗冬十月開濬後湖河道上至鍾山鄉珍珠橋下接龍灣大江又開濬險山河道上至官莊鋪下接毛公渡修葺三皇廟樹

學是歲張鉉纂修金陵新志成至正志表七年冬十月集慶路盜起鎮南王博囉布哈討平之明鑑九年秋七月大霖雨江溢漂没民居禾稼順帝紀十五年滁州豪帥郭子興遣其將朱元璋率兵渡江取太平路擒義兵元帥陳埜先釋之復與行臺御史大夫福壽合滁州兵進攻集慶元軍拒戰於蔡淮水上滁州兵失利元帥張元祐郭天敘皆戰死埜先追襲至葛仙鄉爲鄉兵遮殺其子兆先復聚兵屯方山十六年春三月滁州兵復攻集慶降兆先之衆元行臺御史大夫福壽拒戰於蔣山敗績庚寅城陷與達魯花赤達尼達斯治書侍御史賀方俱死之朱元璋入改集慶路爲應天府置天興建康翼元帥府詳見明史及畢鑑初居富民王綵帛家尋移元御史臺陳志

秋七月己卯諸將奉元璋爲吳國公置江南行中書省自領府事

自是金陵歸於吳明史高祖紀是歲上元縣還治淳化鎮武志十七年夏

五月上元縣瑞麥明史記事本末是歲上元縣還舊治武志二十年夏閏五

月湖北陳友諒自太平犯應天徑衝江東橋未克轉趨龍江吳公

督諸將拒戰於盧龍山大破之友諒遁遂復太平詳見明史記事本末是月

丁卯吳置儒學提舉司以宋濂爲提舉遣子標受經學明史高祖紀冬

十二月築龍灣虎口城大政記二十一年春二月乙亥吳置寶源局

明史高帝紀二十二年夏五月吳公閱兵三山門平章邵榮參政趙繼

祖謀逆事覺伏誅大政記注二十三年夏五月吳築禮賢館明史高帝紀六

月丁未忠勤樓災冬十二月戊午吳公閱武雞籠山還坐西苑論

諸將兵法（大政記）二十四年春正月丙寅朔諸將奉吳公爲王建百官罷翼元帥府置十七衛親軍指揮使司（明史高帝紀）是歲繪塑功臣像於將子文卞壼廟（大政記）二十五年秋九月吳以集慶路學爲國子學（大政記注）二十六年秋八月改築應天城作新宮於鍾山之陽建廟社二十七年吳始稱元年春正月詔免應天等府田租一年（高帝紀）夏五月己亥初置翰林院是月旱六月戊辰大雨秋七月乙亥王御戟門觀雅樂（記事本末）己丑雷震宮門獸吻得物若斧形而石質王命藏之（畢鑑）秋八月癸丑圜丘方丘社稷壇成九月甲戌太廟成（高帝紀）癸卯新內三殿成辛巳克平江（記事本末）執張士誠歸杖之於竹橋縊殺之（呂志在二十六年誤）冬十月壬子置御史臺（明史高帝紀）甲子命諸將

北征親祭神祇於北門之七里山大政記十二月左丞相李善長帥百官勸進表三上乃許

明太祖洪武元年春正月乙亥吳王祀天地於南郊卽皇帝位國號明高祖紀丁丑宴羣臣於奉天殿二月丁卯祀孔子於國學戊申始祀社稷庚午命選國子監生侍太子讀書記事本末夏四月乙未始祫享太廟高帝紀秋閏七月應天火延燒永濟倉明史五行志秋八月己巳以應天爲南京高帝紀冬十月置京畿都漕司濬後湖及龍灣河大政記十一月辛丑建大本堂於宮中選儒臣教太子諸王記事本末是月始祀圜丘十二月己巳置登聞鼓高帝紀辛巳築壇雞籠山祭前功臣胡大海等二年春正月封京都城隍建祭神祀享所於南城

外大政記立十廟於雞鳴山後陳志乙巳立功臣廟太祖紀丁未爲壇後

湖祀馬神大政記庚戌詔再免應天諸府今年租稅太祖紀二月丙寅

湖開元史局於天界寺金陵瑣事壬午始耕籍田太祖紀既又命皇后親

蠶於北郊記事本末三月己巳令功臣子弟入學夏五月癸卯始祭方

丘冬十月壬戌朔甘露降鍾山三年春三月庚寅免南畿今年田

租太祖紀夏五月丁未詔行大射禮記事本末是月旱帝齋戒六月戊午

湖步禱山川壇露宿三日壬戌大雨丙子以克元捷奏至告於南

郊丁丑告太廟太祖紀是月移江南民田臨濠大政記秋七月乙未寶

源局火甲子鳳臺門軍營火延燒武德衛軍器局五行志是月叙中

書左丞楊憲太祖紀八月京師大雨水振之戊子改應天知府爲府

尹九月戊子京師城隍廟成大政紀冬十月丙辰詔儒生更直午門爲武臣講經十一月壬辰北征師還甲午告武成於郊廟大封功臣己亥設壇祭戰歿將士十二月甲子建奉先殿己卯賜勳臣田太祖紀四年春三月乙亥朔帝始策試貢士於奉天殿記事本末冬十月修京師城垣大政記十一月癸亥南京大軍倉災五行志五年春正月辛酉帝幸太平興國寺建法會甲午大風晦雨雪交作明日霽勅近臣於秦淮河然水燈詳見金陵瑣事二月壬辰南京火三日燬龍驤鑾六衛軍民廬舍五行志夏四月戊戌始行鄉飲酒禮太祖紀秋七月壬戌南京風雨地震五行志九月免應天田租太祖紀十二月丙戌南京定遼等衛火焚軍器局兵仗五行志是月免南京濬濠作役大政記六

年春正月置上元巡檢司陳志甲子以舉人王琎等爲編修入文華堂肄業記事本末三月戊申大閱太祖紀夏五月造渡淮浮橋六月修築京城秋八月建歷代帝王廟於京師大政記冬十一月戊申雷震交作五行志七年春二月擬建閱江樓停之夏四月上元縣民史廣妻李氏一產三男給錢六千乳之大政記秋八月甲辰朔帝祀歷代帝王廟太祖紀冬十一月甘露降鍾山十二月鑿石灰山河大政記八年春正月辛酉增祀雞籠山功臣廟共一百八人三月立鈔法罷寶源局鑄錢秋七月辛酉改作太廟太祖紀戊辰南京地震五行志丁丑免應天府被災田租太祖紀冬十二月戊子地又震五行志九年春大旱夏四月連雨冬十二月甲寅振畿內水災十年秋七月置通政

司太祖紀八月庚戌改建大祀殿於南郊癸丑改建社稷壇於午門
右記事本末是月選武臣子弟讀書國子監太祖紀冬十月有虎入漢西
門傷人陳志十一月丁亥合祀天地於奉天殿太祖紀十一年春正月
甲戌朔早朝殿上鐙始叩忽斷爲二五行志秋八月兌應天府秋糧
是歲改南京曰京師十二年春正月己卯始合祀天地於南郊己
酉詔以雨雪經旬令有司給貧民鈔冬十二月徵天下老成之士
至京師太祖紀是歲丞相胡惟庸家井中生石筍五行志十三年春正
月戊戌丞相胡惟庸謀反伏誅詳見胡惟庸傳癸卯詔罷中書省廢丞相
等官更定六部官秩改大都督府爲五軍都督府太祖紀夏五月雷
震謹身殿五行志丙申釋在京及臨濠屯田輸作者是月罷御史臺

太祖紀六月丙寅雷震奉天門五行志丁卯詔罷王府工役丁丑遣諫院秋七月己巳天壽節始受朝賀賜羣臣宴於謹身殿丙午置四輔官太祖紀冬十月甲戌雷震五行志十四年春正月癸丑令公侯子弟入國學太祖紀夏建國學於雞鳴山下名國子監陳志秋八月丙子詔求明經老成之士有司禮送京師太祖紀冬十月以舊國學爲應天府學上元江甯二縣學省入陳志甲寅免應天等府田租十五年春正月辛巳宴羣臣於謹身殿始用九奏樂三月壬辰免畿內稅糧夏五月乙丑帝釋奠於國學秋七月辛酉罷四輔官八月丙戌皇后馬氏崩庚午葬孝慈皇后於孝陵冬十月丙子置都察院十一月戊子置殿閣大學士十八年春二月丙申初命學校貢士於

京師夏五月庚申免畿內田租六月辛卯免畿內養馬戶田租一年十七年夏四月庚寅增築國子學舍秋七月丁巳免畿內今年田租之半十八年春二月久陰雨雷雹三月乙亥免畿內今年田租太祖紀十九年夏六月甲辰詔賜耆老粟帛京師年七十以上賜爵里士八十以上賜爵鄉士陳志撫恤秋九月丙子天雨粟五行志冬十二月造通濟聚寶三山洪武等門浙築後湖城并廊房街道陳志二十年春二月壬午閱武太祖紀夏六月免應天今年馬草武志冬十月徙建歷代忠臣漢蔣子文晉卞壼南唐劉仁贍宋曹彬元福壽等廟於雞鳴山陽陳志二十一年春二月戊辰歷代帝王廟火上元縣治亦災甲戌天界能仁二寺災夏五月辛丑雷震奉天門獸吻六

月癸卯烈風雷震洪武門獸吻五行志二十四年夏六月旱秋七月庚子徙富民實京師辛丑免畿內田租之半太祖紀是歲浚江寧沙洲廠江浦陳志○按沙洲今上新河地恐旋濬而旋役也俟考二十五年夏四月丙子皇太子標薨秋八月甲戌給公侯歲祿歸賜田於官二十六年春正月乙酉涼國公藍玉以謀反誅太祖紀夏四月大旱五行志秋七月戊申遣秀才張宗濬等分直文華殿侍皇太孫允炆太祖紀二十七年春正月建漢壽亭侯廟於雞鳴山陽陳志是月令以預備倉粟貸貧民武志秋八月京都新建酒樓成有醉仙重譯等名陳志二十八年秋九月丁酉免畿內秋糧二十九年秋八月丁亥免應天等府田租太祖紀三十年冬十月乙未重建國子監先師廟成三十一年夏閏五

月乙酉帝崩於西宮辛卯太孫允炆即皇帝位是日葬高皇帝於孝陵太祖紀 冬十二月賜天下明年田租之半惠帝建文元年春三月帝釋奠於先師惠帝紀 甲午地震五行志 秋七月燕王棣舉兵反冬十一月帝為罷齊泰黃子澄官仍留京師詳見惠帝成祖二紀 二年秋八月癸巳承天門災五行志 三年春正月辛酉朔凝命神寶成告天地宗廟御奉天殿受朝賀丁丑享太廟告東昌捷復齊泰子澄官二月以燕兵不退復罷之惠帝紀 四年夏京師飛蝗蔽天五行志 五月辛丑燕兵至六合壬寅詔天下勤王甲辰遣慶成郡王如燕師請和六月乙卯燕兵自瓜洲渡江庚申至龍潭帝令清野民多自焚其屋舍酉命諸王分守都城巡遣使如燕軍申前約皆不聽乙丑燕兵犯

金川門左都督徐增壽謀內應伏誅谷王橞及李景隆叛納燕兵都城陷（詳見惠帝紀及記事本末）魏國公徐輝祖率兵迎戰敗績（詳徐輝祖傳）宮中火起帝不知所終燕王入遣中使出帝后馬氏屍於火中（惠帝紀）分命諸將守城還駐龍江己巳謁孝陵遂自立為皇帝壬申以帝后屍為建文皇帝葬之丁丑殺齊泰黃子澄方孝孺並夷其族秋七月壬午朔大祀天地於南郊癸巳使建文諸子允熙等隨母妃呂氏居懿文太子陵園成祖永樂元年正月己卯朔帝御奉天殿受朝賀乙酉始享太廟癸卯始耕藉田（成祖紀）三月京師淫雨壞城（五行志）秋九月癸未命寶源局鑄農器給山東被兵窮民是歲始命內臣監京營軍（成祖紀）二年冬十一月甲辰帝御奉天門錄囚（成祖

紀癸丑京師地震有聲五行志三年夏五月修葺子文廟陳志四年春三月辛卯朔始釋奠於先師冬十一月己巳甘露降孝陵松柏醴泉出神樂觀薦之太廟賜百官成化紀十二月辛亥甌寧王允熙邸第火王薨是歲府縣饑五行志五年秋九月乙卯帝御奉天門受安南俘成化紀六年夏五月壬戌京師地震五行志是歲府學災陳志七年春二月壬午帝北巡發京師皇太子高熾監國夏四月癸酉朔皇太子攝享太廟八年春正月己卯皇太子攝祀天地冬十一月甲戌帝還京十年冬十月戊辰帝獵於城南武岡十一年春二月乙丑帝北巡發京師皇太子高熾監國冬十一月以野蠶繭爲衾命皇太子爲太廟十四年秋九月癸卯京師地震癸未帝還京十五

年春三月壬子帝北巡發京師皇太子高熾監國成祖紀十六年江甯縣治火陳志十八年秋九月己巳召皇太子於京師丁亥詔自明年改京師爲南京十九年冬十一月以北征發應天等府丁壯運糧赴宣府二十年秋八月免南畿水災糧芻二十一年秋八月免南京水災田租成祖紀二十二年夏六月壬申南京地震五行志秋九月戊子始設南京守備以襄城伯李隆爲之成祖紀是歲淫雨傷麥禾南畿饑五行志仁宗洪熙元年春二月戊申命太監鄭和守備南京夏四月壬子命皇太子瞻堪謁孝陵遂居守南京五月庚辰召皇太子於南京仁宗紀是歲南京地震凡四十有二五行志宣宗宣德元年南京地震九二年地震十南畿旱五行志秋八月免南京被災

稅糧紀宣宗三年南京地震志五行四年春正月地又震二月己丑南京騶虞見紀宣宗五年春正月壬子南京地震辛酉又震志五行七年秋免南畿水災稅糧紀宣宗是歲重建府學志陳八年南畿旱志五行遣使賑卹是歲復振南京畿免稅糧九年春正月乙卯申兩京寬卹之令紀宣宗秋七月南畿旱志五行遣官捕蝗甲子敕南京各官行視災傷蠲減秋糧十年春正月以戶部尚書黃福參贊南京守備機務紀宣宗夏四月南京蝗蝻傷稼英宗正統三年南畿旱饑志五行詔蠲逋賦四年春三月癸酉增南京文武官俸糧紀英宗秋江漲水志五行七月庚戌免被災稅糧紀英宗五年春二月南京大風雨壞北上門脊覆瓦夏應天旱蝗志五行六月免被災田糧冬十二月再免

六年夏五月以災異遣巡撫侍郎周忱等錄南京刑獄是年始定都北京紀英宗 七年春正月南京內府火器皆燬是歲南畿大旱五行志 八年春二月己丑汰南京冗官紀英宗 夏南畿蝗秋應天畿七月辛未雷震南京西角門樓獸吻九年秋七月應天大水十一年夏六月南京山川壇災南畿旱五行志 十三年龍潭江水奔潰陳志 十四年夏六月丙辰南京風雨雷電謹身奉天華蓋三殿皆災五行志 詔振卹武志 秋八月輸南京軍器於京師冬十一月侍郎耿九疇安撫南畿流民賜復三年代宗景泰元年夏四月大理寺丞李茂錄南京囚紀代宗 秋七月應天大水沒民廬二年秋八月壬申南京地震三年又震五行志 秋八月振南畿水災免稅糧乙酉振南畿

流民九月辛卯以南京地震命都御史王文巡視安輯乙未振南京被災州縣代宗紀 四年南畿淫雨傷稼旣又數月不雨五年春正月南畿大雪連四旬五行志 三月撫䘏南畿秋七月癸酉振南畿水災冬十二月免稅糧代宗紀 是歲南京大火五行志 六年春二月大理少卿李茂等錄南京囚代宗紀 夏南畿旱饑五行志 冬十二月免被災秋糧代宗紀 七年秋九月應天旱蝗五行志 英宗天順元年春南京久不雨五行志 二月免被災秋糧英宗後紀 冬十月乙巳南京地震二年春二月暴風拔孝陵樹懿文陵殿獸脊多摧三年南畿旱五行志 四年春三月免被災稅糧英宗後紀 五年春三月丁卯南京朝天宮災南畿連月旱傷稼五行志 秋七月丁未免被災稅糧英宗後紀 七年春正月乙

西南京西安門水廠火延燒皇牆志五行 憲宗成化元年秋七月應天水陳志 甲子振南畿饑八月丁丑工部侍郎沈義等撫饑民紀憲宗 二年夏四月上元等縣饑民乏食命戶部議振陳志 秋九月癸未南京御用監火三年夏六月戊申雷震南京午門樓是歲旱四年春夏不雨五年春二月雷震山川壇具服殿獸吻是歲無麥志五行 六年秋七月免南畿被災稅糧紀憲宗 七年南京饑遣官巡視府學復燬提學御史戚銓等重建陳志 八年秋七月南京大風雨壞天地壇孝陵廟宇志五行 江浦陳志 九年春三月南京大風雨拔太廟社稷壇樹夏四月南京雨土志五行 秋七月免上元等縣去年秋糧紀憲宗 十年春二月南京奏冬春恆燠無冰雪志五行 三月免被災秋糧秋九

月再免憲宗紀十二年春正月南京地震有聲十三年春二月南京鷹揚衛軍陳僧兒妻一產三男一女冬十一月癸亥南京大雷雨五行志是歲南畿饑振之十四年夏四月免被災秋糧憲宗紀秋八月丁未南京大風拔太廟樹五行志十五年夏四月免南畿被災秋糧憲宗紀秋八月辛卯大風拔孝陵木五行志十六年免南畿被災稅糧憲宗紀十七年春二月甲寅南畿地震五行志猛虎近城殺人陳志夏四月南京地生白毛秋七月南京大風雨社稷壇及太廟殿宇皆搖五行志水大溢陳志甲戌免被災秋糧憲宗紀冬十一月丁酉江南大雨雪五行志十八年春三月振南畿饑夏五月免被災稅糧憲宗紀冬十二月南京旱饑戊午南京國子監火十二月乙卯器皿廠火壬辰

沿河王府火五行志 二十年夏六月兗南畿被災秋糧二十一年夏四月亦如之憲宗紀 五月南京大風拔太廟樹摧大祀殿及皇城各門獸吻五行志 二十二年夏六月兗南畿被災秋糧憲宗紀 秋九月南京民饑陳志 二十三年夏六月兗被災秋糧憲宗紀 孝宗弘治元年春三月庚寅南京內花園火夏五月丙子南京震雷壞洪武門獸吻又壞孝陵御道樹六月己酉壞鷹揚衛倉樓聚寶門旗杆冬十一月丁丑夜南京甲字庫火是歲南畿大旱應天饑二年夏四月庚子雷毀神樂觀祖師殿乙未神樂觀火五行志 三年春二月兗南畿被災秋糧孝宗紀 秋七月壬子驟雨雷壞午門西城牆南京旱四年秋八月乙卯南京晦冥地震屋宇皆搖五行志 冬十一月庚辰振南

畿災紀，孝宗五年夏南畿水五行志 六月丁未免去年被災稅糧秋七月甲午振南京饑孝宗紀 六年夏四月辛酉夜南京舊內火五行志 五月乙未免南京被災秋糧孝宗紀 秋八月壬申南京有黑氣東西百餘丈冬十月南京雨雪連旬十二月壬戌雷雨拔孝陵樹七年春三月南畿旱夏六月癸酉雷雨拔孝陵樹秋七月庚寅大風雨壞殿宇城樓獸吻拔太廟天地壇及孝陵樹五行志 九月大風落屋瓦陳志 是歲南京地凡六震五行志 以存留折銀兼米分振各屬武志 八年夏五月南京陰雨踰月壞朝陽門北城堵五行志 己未免南畿被災秋糧孝宗紀 是歲南京地凡再震九年地凡三震五行志 十年免南畿被災稅糧十一年亦如之十二年夏五月亦如之秋八月又免夏税孝宗紀十三年冬十月戊申南京地震五行志十四年閏七月戊戌振南畿水災免被災税糧孝宗紀冬十月辛酉地震十五年夏秋閒大風雨孝陵神宫監及懿文陵樹木橋梁牆垣多摧拔七月南京江水泛溢湖水入城五尺餘九月丙戌地震冬十月丁卯又震五行志是月免被災秋糧孝宗紀十六年春二月庚申地震南畿饑五行志秋九月丁丑振被災軍民冬十一月免被災秋糧十七年春正月南京工部侍郎高銓振應天饑夏五月罷南京織造中官秋八月甲申免南畿被災夏税孝宗紀十八年應天等府旱九月甲午地震武宗正德元年夏六月丙子南京暴風雨雷震孝陵白土岡樹五行志秋八月乙卯復遣内官南京織造武宗紀三年江南旱五行志秋九月

癸亥振南京饑武宗紀 四年夏六月空中有聲如甲兵踰月乃止冬大雪樹皆枯死陳志 六年振南畿饑七年免被災稅糧八年秋八月免南畿水災稅糧十年冬十二月免南畿旱災秋糧武宗紀 十一年秋八月戊辰南畿地震十二年秋八月癸酉南京祭歷代帝王廟雷雨震死齋房吏冬十一月癸巳大風雪仆孝陵樹十三年春應天大雨彌月漂室廬人畜無算五行志 正月振南畿水災夏四月甲子免被災稅糧武宗紀 十四年南畿饑甚五行志 甯王宸濠反於南昌與南京守備太監劉瑯通兵部尚書喬宇預為防守濠所伏死士三百餘人以次禽斬金陵瑣事 秋七月帝親征冬十二月丙戌至南京武宗紀 不入舊內居南門內之公廨客座贅語 十五年春正月帝謁孝陵

備諸劇戲五志夏六月丁巳幸牛首武宗紀駐西峯祠堂中金陵瑣事諸軍夜驚秋閏八月癸巳受江西俘旋蹕丁酉發南京武宗紀溺於龍江口五志十六年南京旱五行志世宗嘉靖元年春二月南京鍼綫廠火秋七月暴風雨江溢郊社陵寢宮闕城垣皆壞拔樹萬餘株江船漂沒甚衆五行志冬十月辛卯振南畿饑免稅糧世宗紀二年春正月南京地震應天大旱饑五行志遣侍郎席書振之仍錮馬價陳志秋七月南京大疫五行志冬十一月免南畿被災稅糧世宗紀三年春正月丙寅朔南京地震五行志二月庚戌地又震世宗紀秋七月免南畿被災稅糧世宗紀四年秋七月己丑雷擊南京長安左門獸吻五行志五年冬十月壬子振南畿災免稅糧物料世宗紀六年減南畿馬價武志

八年秋九月免南畿被災稅糧世宗紀九年應天大旱五行志秋九月免被災秋糧十一年秋七月免南畿夏稅世宗紀十三年夏六月甲子南京太廟火燬東西廡神廚庫十五年夏六月甲申雷擊南京西上門獸吻震死男婦十餘人十六年秋南畿水十七年夏南京大旱五行志二十年春正月免南畿稅糧二十二年冬十二月免南畿被災稅糧世宗紀二十三年夏秋南畿大旱民饑二十四年夏又大旱饑五行志冬立振武營兵志二十五年南畿旱三十一年秋八月乙丑南京試院火三十二年南畿旱五行志三十四年秋七月丙辰倭賊自浙歷徽寗犯南京才七十二人南京兵與遇敗績二把總指揮朱湘蔣欽戰死南京戒嚴賊宿於板橋而去金陵瑣事三十五年

秋九月免南畿被災稅糧世宗紀三十八年夏四月南京雨雹陳志秋七月辛巳地震五行志三十九年春二月丁巳南京振武營兵變殺總督糧儲侍郎黃懋官世宗紀詔誅首惡兵志秋七月江水漲至三山門秦淮民居有深數尺者冬大雪禽鳥多凍死大冰如花十二月地震陳志四十年秋七月南畿饑五行志九月振之四十一年冬十月免南畿被災稅糧世宗紀四十五年春二月大風雨震報恩寺殿宇皆壞金陵瑣事冬十二月大雨二十餘日民有凍死者陳志穆宗隆慶元年能振武營兵志二年冬十月免南畿被災秋糧三年秋八月振南畿水災冬免稅糧穆宗紀四年春正月火一夕數發冬詔應天府屬變賣種馬之半免蘆洲蘆課陳志五年春二月壬子南京廣惠二倉

火五行志冬十月以水災蠲南京錦衣等衛所屯糧有差神宗萬曆三年夏五月減里甲均徭驛傳坊夫等銀及革里甲朋役拾丁排門小夫諸名色著爲例武志四年春三月雨雹冬十月雷是歲詔建褒忠觀於冶城東五年春不雨井泉多竭陳志六年秋七月壬子雷擊南京承天門左檐五行志九年春正月辛巳裁南京冗官神宗紀十三年春二月丁未南畿地震江濤沸騰五行志十四年夏五月大雨旬餘城中水高數尺江東門至三山門行舟是歲應天府尹周繼重修縣學詳見容座教語建文德板橋金陵瑣事十五年秋七月江南大水十六年春三月南京旱疫秋八月壬午雷震南京舊西安門鐘鼓樓獸頭五行志十七年有毛蟲食松葉松枯死鄉人謂之山荒金陵瑣事又

六月乙巳南畿大旱發帑金振之神宗紀十九年三山門民家產怪牛七足前後竅各二五行志是歲南畿大水神宗紀二十年以倭警召募浙江義烏兵數千屯龍江關籌域志二十一年夏四月戊戌雷震孝陵大木二十二年夏四月南京正陽門水赤三日五行志二十五年文德橋圯二十六年提學御史陳子貞易以石泥中得瑱子甲二二十八年修報恩寺塔金陵瑣事二十九年南畿饑三十年春二月魏國府災冬十月孝陵災五行志三十一年添設南中軍標營兵三十三年冬十月鍾山有氣如匹練先白後黑陳志妖人劉天緒謀亂南京兵部尚書孫鑛擒斬之詳見金陵瑣事三十四年秋八月南京大火延燒十七處冬雙橋門地上霜有花鳥形陳志十月己卯南京行人

司署燬五行志 三十六年夏五月秦淮河竭十日後忽漲大雨半月餘平地皆水近江圩田盡没陳志 秋八月庚辰振南畿饑冬十二月免其稅糧神宗紀 三十九年秋八月秣陵城內磨坊產怪豬頂生一目鼻長二寸許陳志 四十年南畿洊饑五行志 應天府尹姚思仁重修都城隍廟陳志 四十一年秋七月南畿大水四十四年秋九月江甯螟螣大起禾麥竹樹皆盡五行志 南京工部尚書丁賓濬秦淮河陳志 四十五年夏五月南京有鼠萬餘銜尾渡江食禾稼五行志 四十六年春二月東北有大星赤色南行墜於西其聲如雷陳志 四十七年鼠渡江如前陳志在三十七年據明史五行志正之 熹宗天啟三年秋七月辛卯南京大內左傍宮火冬十二月丁未地震四年冬十二月癸卯南畿

地震如雷五行志是歲振卹江南水旱災民武志六年夏四月丁丑命南京內守備搜括應天各府民財助殿工兵餉熹宗紀五月癸亥朝天宮災冬十月辛酉南京西華門衛宅材燧土中生煙扶以水三日始滅五行志冬十二月戊申南畿地震熹宗紀七年冬十月癸丑南京地震有聲懷宗崇禎三年秋九月戊戌南畿地震五年夏四月丁酉地又震七年南京大風吹落皇城門扁九年春正月甲戌雷燬孝陵樹夏南畿大旱十年春正月丙午南畿地震五行志流賊張獻忠犯安慶南京大震懷宗紀夏南畿大旱五行志冬南京木介陳志十一年春正月裁南京冗官懷宗紀夏六月南京旱蝗十二年南畿饑十三年閏正月丙申南京日晦異風霾大作五行志夏五月南京旱

蝗大饑斗米千錢（陳志）冬十一月戊子南畿地震（五行志）十四年夏五月南京大疫有闔門盡斃者（陳志）六月南畿大旱蝗民饑（五行志）十五年春流賊陷和州南京戒嚴（懷宗紀）夏四月癸卯雷震孝陵樹蟄鼠渡江晝夜不絕（五行志）十六年冬十一月南京火藥庫火傷三十餘人（陳志）

國朝順治元年（明崇禎十七年）春正月乙卯明南京地震三月辛丑孝陵夜哭（五行志）是月流賊李自成陷明京師夏四月明南京兵部尚書史可法誓師勤王次浦子口聞變乃還南京盧鳳總督馬士英以兵迎福王由崧於江上五月戊子朔福王謁孝陵駐蹕內守備府庚寅監國南京壬寅僭即皇帝位於武英殿是月設勇衛營以太

監李國輔監督秋七月丙戌福王祀高皇帝以下於奉先殿以崇禎帝后祔祭秋八月丁巳釋奠於孔子戊辰福王太后鄒氏至自河南九月福王御經筵庚戌閱佐工事例冬十一月戊子明南京西宮成賜名慈禧殿自五月不雨至於是月十二月有狂僧夜叩洪武門自稱烈皇帝下鎮撫司獄癸未布衣何光顯上書乞誅馬士英劉孔昭命戮光顯於市　二年(明宏光元年)春正月乙酉朔明南京大風拔木雪數尺癸巳大雷電雨雹甲午修奉先殿及午門左右掖門二月癸未誅狂僧大悲三月甲申朔明有稱北來太子者至南京丙戌下中城兵馬司獄又有婦人童氏自言王妃下錦衣衛獄死是月明甯南侯左良玉反夏四月福王詔督師史可法

入援至草鞋夾復命回揚州己未左兵陷東流明南京戒嚴命兵部尚書阮大鋮巡防江上丁卯福王選淑女於元暉殿是月　大清兵克揚州五月己丑渡江辛卯福王出通濟門奔太平士民出北來太子於獄擁登武英殿忻城伯趙之龍不聽立挾之出洪武門乙未　大清兵駐郊壇門之龍及魏國公徐允爵大學士王鐸等迎降丙申　大清豫親王入明南京明刑部尚書高倬死之癸卯獲福王拘於江甯縣尋執之北去江南平明史福王傳及小腆紀年

【雍正】江浦縣志

（清）項維正纂修

清雍正四年（1726）刻本

祥異

宋

武帝大明五年朱主登梁山有雙白雀集於鳳臺遂立雙石闕於山

齊

武帝永明十年蘭陵民齊伯生獲金璽一紐於六合山文曰年予主

明

宣德二年有虎入縣境

正統四年八月大風渡江者多覆没

十二年夏大蝗

天順五年五月大水

成化元年水巡撫都御史劉孜奏减種馬

六年四月大水免稅

八年七月大風雨江溢議恤之

九年七月以水災免去年秋糧

二十一年大水

二十二年旱民飢

弘治元年大旱停解馬

十六年浦子口城圮入江遣官祭告江神

十八年七月大風潮溢江淮衛船多漂没

正德七年夏流賊劉六等犯縣典史談傑率民兵驅至四瀆山斬首數級餘潰入江

十二年夏大雨水驟漲江溢街衢可通舟楫民廬飄没甚衆

十五年大風

嘉靖元年七月大風以水災減田塲租稅

二年夏秋大旱絕禾稼遣官賑之仍蠲馬價

三年夏大疫死者相枕於道

十年江溢没田

十一年火焚江淮衛船六十餘隻

十四年旱蝗遣官賑恤

二十三年夏秋大旱飢

二十四年夏大旱

二十六年虎入縣境

三十三年大旱

三十四年夏麥大稔秋蝗飛過境不爲災

三十九年大水

四十一年冬戸部分司災

四十五年十二月雨木氷

隆慶元年冬地震

二年不雨

萬曆四年三月雨雹

六年有年

七年春大雪

十三年三月地動有聲

十六年大水

十七年大旱奏免漕糧改折三年帶徵遣官賑貸

秋大疫知縣梁祖齡設粥施藥全活甚衆

二十七年大水

二十八年地白生毛

三十年春大雪

三十一年秋大疫

三十二年夏大旱知縣周璽出倉穀四百石

漕糧

三十四年民大飢本縣請發倉穀一千四百石賑濟

三十六年夏江水泛溢田廬淹没

四十一年大水

四十三年夏六月大雨城内水深三尺損田廬甚衆

四十四年秋飛蝗入境不爲災

四十五年四月府尹姚思仁出俸錢給鄉民督令

捕蝗蝗患遂息　秋大旱知縣余樞申請秋糧改折復請發預備倉稻并六鎮社倉稻共一千五百石賑濟飢民

崇正八年冬流寇攻城凡九日夜知縣李維樾率衆堅守賊首九條龍登城被屠戶張東寶以屠刀斷其手墮城死舍人王臣忠連殺三賊守備蔣若來力戰捍禦頭臂負傷猶能格鬪生員熊國璽協力死守獲賊級甚夥死于炮石者不可勝計城賴以全

十一年旱荒知縣李維樾親徵漕糧盡革陋規出
庫銀五千兩易米江西與民完糧
十三年荒甚知縣李維樾設粥廠二處全活無數

國朝

順治四年大有

六年水澇

九年大旱潮水涸穀價騰貴

十六年六月海寇陷城知縣許立達典史蔣上達
死節七月大兵會勦賊遁城復

康熙二年九月大雨江水泛漲舟行街市

六年六月地大震

十年大旱

十八年大旱民飢草根樹皮皆食盡蠲免地丁及衛糧發米豆銀兩開厰賑恤存活甚衆

十九年麥大稔　八月祥雲滿天氤氳離奇如輪如蓋五色萬狀　冬至西方有星光芒如練直貫北斗百日方没

二十九年十二月朔大雪積陰五十日方霽

三十年正月朔雨木氷　四月大風屋瓦皆隕黃
埃四塞
三十三年　八月大雨雹傷禾稼
三十八年二月花朝大雪盈尺越十日又大雪尺
餘
四十一年正月朔太白經天太陰晝見　二月二
日夜有星隕如箕赤光燭天天鼓鳴
四十七年水賑恤有虎患本縣募獵戸盡捕獲之
害除

四十八年四月大雨雹

五十一年秋九月地震　冬十一月地大震次夜又震

五十三年十二月大雷電龍見於江大雪數日平地數尺

五十四年三月大雨雹雷電交作雹大如升傷麥失收

五十五年秋旱題奏賑恤蠲緩糧賦

五十六年四月既望有星如斗自斗東南至西北而隕光黃而赤天鼓鳴踰刻乃止

五十七年秋飛蝗入境本縣督民捕之不爲災

六十一年秋旱賑恤減免賦稅

雍正元年秋飛蝗入境本縣捕滅之又亢旱成災請
發倉米分設三廠煮粥賑濟飢民全活無數題奏
蠲減地丁衛糧

二年飛蝗遺卵復生本縣出俸金給民撲滅之不
爲災扵是蝗患遂絶二麥稔　七月霜隕　八
月霜連隕三日傷晚禾蕎麥

三年歲稔

【光緒】江浦埤乘

（清）侯宗海、夏錫寶纂

清光緒十七年（1891）刻本

江浦埤乘卷三十九

邑人夏錫寶侯宗海纂輯　夏錫嘏參

雜記上　辨異　寺觀　方外傳

班孟堅志藝文有雜家而西京雜記雲仙雜記外若雜俎雜錄雜鈔唐宋人誤述遂以雜名其書爲其不名一類也茲於事之無類可入者以雜記概之紀祥異所以驗年歲之豐凶見民物之登耗守茲土者宜留意矣舊志所載二氏寺觀其據乎名勝者采入古蹟若僧爲緇黃所萃則退列是門以其人爲方外故外之也仙釋立傳志乘通例然今之僧道大氐藉彼教爲衣食計舊志

諸傳外無可續也遺聞軼事有裨掌故即其細已甚亦足以助塵譚拉雜書之而以攟佚終焉志雜記

祥異

齊

永明十年蘭陵民齊伯生於六合山獲金璽一紐文曰年予主齊書祥瑞志

陳

禎明元年江自方州東至海赤如血

隋

大業十三年江淮數百里絕水無魚

唐

開元十四年秋大風自東北來海濤溢

貞元二年魚虌蔽江而下無首夏六月江溢以上舊府志

宋

開寶五年大水

天禧元年蝗生卵如稻粒而細

紹興元年旱

隆興元年大水

淳熙二年秋旱

六年旱

七年旱

九年蝗

十年旱

十一年夏四月大水漂民廬壞圩田

紹熙三年夏大旱秋九月隕霜連三日殺稼

五年秋八月蝗冬大饑人食草木

慶元六年旱以上宋史五行志

元

元貞元年秋七月大水元史五行志

大德元年夏六月江漲漂沒廬舍

五年旱蝗以上成宗紀

至大二年蝗

三年蝗以上武宗紀

泰定三年秋八月大水元史五行志

至順三年夏六月大水文宗紀

至正元年揚子江竭舟楫皆閣塗中露出錢貨無數人爭取之翌日江始安流識者曰此江笑也後果先失江南舊府志

明

洪武十八年大水明史五行志

宣德二年有虎入縣境

正統四年秋八月大風渡江者多覆沒

十二年夏大蝗

天順五年夏五月大水

成化元年水巡撫都御史劉孜奏減種馬

六年夏四月大水冬十一月大火延燒二百六十餘家

八年秋七月大風雨江溢議卹並免秋糧

二十一年大水

二十二年旱民饑

弘治元年大旱停解馬　以上舊志

十六年夏五月江潮入望京門浦子口城圮入江命成國公朱輔祭告江神二申野錄

十八年秋七月大風江淮衛船多漂沒

正德十二年夏大雨水驟漲江溢街衢可通舟楫民廬漂沒甚衆

十五年大風

嘉靖元年秋七月大風江溢

二年大旱絕禾稼餓死馬價

三年夏大疫死者相枕於道以上舊志

十年秋七月江溢沒江浦南境田二申野錄

十一年火焚江淮衛船六十餘艘

十四年旱蝗

二十三年夏秋大旱

二十四年夏大旱

二十六年虎入縣境

三十三年大旱

三十四年夏麥大稔秋飛蝗入境不爲災

三十九年大水

四十一年浦口戶部分司署災

四十五年冬十二月雨木冰

隆慶元年地震

二年不雨

萬歷四年春三月雨雹

六年有年

七年春大雪以上舊志

十三年春二月地震有聲江潯沸騰五行志

十六年大水

十七年大旱

二十七年大水

二十八年地生白毛

三十年春大雪

三十一年秋大疫

三十二年夏大旱

三十四年大饑

三十六年江水泛溢瀕江洲圩田廬淹沒

四十一年大水

四十三年夏六月大雨城內水深三尺損田廬甚衆

四十五年秋大旱以上舊志

崇禎九年浦口西北福龍山一帶有人頭鳥蔣餘身足如鶴頭縮而不伸胸有圓文如人面三日後莫知所之

或云頭如人被髮長鬚鄉民見之有驚死者六合志舊志

十年秋八月後每日日落時紅光從東南映照半天如火對照人面盡赤三月餘始滅

○按明季北略云時省臣引京房傳謂之日妖應兵起齊魯吳越占候家謂之血霞主大旱大兵

十一年大旱

十三年大旱

國朝

順治四年大有

六年水

九年大旱潮水涸穀價騰貴

康熙二年秋九月大雨江水泛漲舟行街市

六年夏六月地大震

十年大旱

十八年大旱民饑草根樹皮皆食盡

十九年麥大稔秋八月祥雲滿天氤氲離奇如輪如蓋五色萬狀冬至日西方有星光芒如練直貫北斗百日方沒

二十九年冬十二月朔大雪積陰五十餘日方霽

三十年春正月朔雨木冰夏四月大風屋瓦皆墮黃埃四塞

三十三年秋八月大雨雹傷禾稼

三十八年春二月花朝日大雪盈尺越十日又大雪尺餘

四十一年春正月朔太白經天太陰晝見二月二日夜有星隕如箕赤光燭天天鼓鳴

四十七年水兼有虎患

四十八年夏四月大雨雹

五十一年秋九月地震冬十一月地大震逾日又震

五十三年冬十二月大雷電龍見於江大雪數日平地數尺

五十四年春三月大雨雹雷電交作雹大如升傷麥無穫

五十五年秋旱

五十六年夏四月既望有星如斗自斗東南至西北而隕光黃赤天鼓鳴

六十一年秋旱

雍正元年旱

二年二麥稔秋七月霜隕八月霜連隕三日傷晚禾菽蕎麥以上舊志

十一年水澇

乾隆元年水澇

十三年旱

二十年夏大雨江漲四十餘日始退次年大饑

二十二年旱

二十八年水澇

五十年大旱

五十二年水澇以上舊府志

嘉慶四年大水

十八年冬民間訛言鬼兵動至夜輒驚

十九年大旱

邑人朱敬承甲戌夏日有感二首六月驕陽奈爾何眼看不雨便無禾可憐田父同聲哭淚比塘中水更多 桔槔閒處靜無聲忍見苗枯不復生聞說縣衙猶造冊今年及旱事秋徵術纂

道光三年大水

九年秋八月天上出紅綠圈大小連環半日方沒

十一年夏六月大水

十三年秋九月大水

十五年旱蝗

十九年水

定海藍源浦口新樂府己亥冬作積潦嘆 蕭蕭瑟瑟野荻出水田但見蘆花明連村寂寂無春聲今夏江頭潮怒張潮頭三尺過平岸潮來日日望潮消潮消又苦秋霪霖秋霪飄不止老農淚如雨淚眼有乾

時山田無乾土欲刈無無禾欲種無麥無麥無禾何以卒歲歲將迫來春更於何覓倉催租吏到何人胡爲乎朝暮來吾門村中今已無雞豚漁田那得税千緡不見野雀飛飛無可啄飢烏夜傍人家宿山民謠嶢嶢者誰子自稱曰山民問雞豚與縣流來何紛紛一鋤之重重十斤眼中不見山崎嶇植黍植麥復植蕎種成旱穀來商賈居民重利輕閒山窊卻年來患深茫年來湖沙漫江頭蛟龍勢與人爲仇蛟龍豈竟爲人仇偶然霖雨皆足憂君不見地脈斷死山靈愁凋谷塞斷水不流浦纍

二十年大水

二十一年夏四月大雨雹傷麥

二十二年夏六月朔日食既西北黑氣如牆湧上星見晝晦野聞哭聲民間訛言妖人割童男外腎爭以紅布裹肚布價驟貴冬十月大雷電龍見於江

二十八年水

二十九年夏五月江潮奇漲浦口南城埰口與水平山田大半渰没民廬傾倒無數

邑人張霖壽己酉大水歌風聲雨聲兼水聲窗前日夜蕭蕭鳴大嶼嵯峩城中路人家都在山顛住西鄰雞鳴高樹頭空堂寂寞魚龍遊夜來又添三尺水且向樓窗釣赤鯉　選青書屋詩稿

三十年夏五月蛟水驟發平地數尺

咸豐元年地生白毛

二年春三月地震有聲逾兩日復震冬十一月又震

三年春正月陰霾四合日白無光四十餘日彗星見光芒長五丈三月地震夏六月地涌血水

五年大水冬十月天雨黑豆

六年夏五月颶風大作十餘日六月旱有大星隕於東

南天鼓鳴秋大旱飛蝗蔽野米石制錢十三串饑死者無算

邑人馬堯年題願天解厄圖天本好生以爲心人物
莫不天生成雷雨霜露皆殊恩肅殺亦以全其生螟
螣稂莠不焚拔百穀那得昌其華聖人代天而出治
禮樂助以刑與兵阪泉涿鹿一創[illegible]王師迅掃神人
驚那知此例旣己破終古援以爲藉計四千五百五
十載豈有千載眞請半喪商及周風近古八禍未甚
災亦輕亟霸以後七雄出紛紛六國相吞抑人心益
險禍亦烈遁卒秦卒同一坑頃雖滅秦暴易暴纍纍
白骨齊長城操莽兩晉及六代南北血逆黃河傾自
唐滅隋至五季宋元一統歸於明人之奸險愈莫測
禰到閩獻雜爲倩佛氏初創地獄說刃山劍樹猶虛
卻凶殘遂蹶作張本刳腸剔髓湯袖烹劉聽侯景蕭
符輩入碓椎鋸增奇刑閭屠中原獻竊蜀入千餘里
皆血壓嗟哉良民値亂世命賤不抵蚊與蠅居高聽

皇天固在豈眞至此無英靈我朝恩威冠百代好生德久浹於民前朝弊政痛剷除義之至矣仁之將即或奸貪有官吏須知累世皆寬仁皇荒兵火運當轉蒸祥自足消紛爭欲蕩天門開玉京仙樂九奏雲璈音顯天解厄朝羣眞思從下土通微忱蒼蒼雖高神式憑忍聽億兆哀號聲 藤花館遺集

七年春正月地震

八年秋八月彗星見東南光芒射人長二丈許

十一年秋八月朔日月合璧五星聯珠

同治元年夏五月大疫城鄉多狼食人無算

四年夏霪雨圩田淹沒山中野豬害稼十百爲羣

六年春正月雲陰中時有火光縱橫上下俗以爲火龍鬬至夜始止

十一年夏六月地震有聲

十三年夏六月彗星見西北冬十二月夜有黑氣如虹自南貫北橫亙數十丈野豬行疫殃及耕牛

光緒元年春太白晝見夏有大星飛流色碧而芒寒

三年蝗

四年蝗蝻復生經捕始盡冬桃李華

七年春二月大雷雹夏四月有鼠數萬自浦口南城一帶牆罅中出卽死鼠首圓齒黃尾短五月大雷雨龍見民廬攝入雲際牀榻農具騰空飛舞

八年秋八月有星孛於西北

九年夏六月夜霹靂百餘響屋瓦皆震秋七月狂風拔木碧泉亭吹倒冬十月至歲除每日日落紅光滿天

十一年秋七月天鼓鳴冬十一月星流如雨

十二年冬十二月大雪旬日除夕尤甚平地深六尺餘屋多壓覆鄉民入城市物及店夥索欠歸有埋陷於途者逾數日蹤跡得之輒僵立冰雪中目珠爲鳥啄去錢物尚存

十四年秋八月薄暮空中有聲作波濤洶湧狀閒雜鈴響至亥刻始漸息如是者月餘

十五年春雞翅無故自斷如翦削然城鄉皆同

十七年夏旱秋蝗

（清）廖掄升修　（清）戴祖啓纂

【乾隆】六合縣志

清乾隆五十年（1785）刻本

雜事

晉懷帝永嘉中鑄一鼎沈瓜步江中鼎無文字作蝸形

太元十六年飛蝗集縣界害苗稼

宋孝武帝大明七年登六合山如尉氏觀温泉又如瓜步山温泉今在江浦古江浦亦六合境也

齊高帝建元元年領軍將軍李安民擒巨盜王元初於六合山元

初宋世亡命聚衆僭號自云手乘過滕州郡討不能擒積十餘年
安民遣吏偵候生擒元初斬姚於市
齊武帝永明十年秣陵民齊伯生於六合山獲金璽一紐文曰年
予主
唐開元十四年秋大風自東北來海濤沒瓜步
宋宣和六年發運使盧宗原開靖安河八十里通於江以避黃天
蕩之險六合上元分治之界爾是范文正開長蘆河之比也今靖
安河不知在何處或以爲即今東溝因洲長水淤故成小溝耳
宋乾道二年十二月六合武鋒軍營火今不知在何處
明正統十二月夏大蝗知縣黃淵懇禱次日蝗不復見
成化十一年火延燒千餘家至元宣觀仁和橋縣庭竟不火
宏治三年冬大雪三十餘日

宏治初王副使宏本田家子方十餘齡騎牛讀書過縣令試之曰牛背親書爲郎應聲對曰龍頭奪錦標令奇之留與語半晌方去宏送之令曰送別黃泥壩郎應聲曰相逢白玉階令知爲廊廟器

災

正德十二年夏霖雨滁水泛溢街衢乘船筏往來漂沒廬舍甚多

十六年春産白雀二麥生兩穗

嘉靖二年大旱米價騰踴人相食　三年旱蝗自春及夏疫癘大作死者相枕於道光十一年夏蝗知縣孝學令民捕蝗照斗給穀

十六年夏大水巡撫歐陽鐸奏准均攤田賦始秋糧帶徵畢印米

三十五年二月地震　三十九年江漲冬大雪禽鳥戢翼凍死木冰如花　四十五年六月大雨水傷禾十二月大雪二十餘日

隆慶三年湖漲瓜步壞田廬　六年夏不雨冬無雪

萬曆元年見嘉禾是秋禾登一稃二米　二年產瑞麥西里民獻麥兩穗　七年正月朔知縣方詣學宮齋報學宮樹間有白鵲取玩歎賞曰必祥徵也命齋夫善畜之　十四年秋洪水泛漲民間房舍淹沒無數知縣陳藏春自捐俸銀賑粥親自驗放　二十二年眞武廟池塘冰梅如畫根起近岸或叢發或孤挺或老幹槎枒或枝條側出花或六出或五出或在苞樹頭有滿月輪或如初月一痕位置天然人力不逮絕句不斷可謂奇絕　三十七年邑大水城市成巨浸圩田與江接波淼淼莫可辨時東風推海潮西河月餘不退倍加水虐　四十三年夏雨偶集適蛟山諸地發蛟水入夜縣漲邑中人多熟睡不及下樓避凡旬日始退　四十四年正月初三日天雨紅雪二月十五日地震自西北來有聲七月間蝗從山東來過六合境入江二十七日蝗飛蔽天聲如雷布滿六合境殆遍

稼傷强半食澌江蘆葦如刈　四十五年七月有鼠萬數相銜尾自皇廠河渡江從上游子磯是年蝗旱無秋鄉民畧種蕎麥忽生促織夜嚙其莖徧鄉田隴

崇正十年七月流賊破六合焚掠殺戮不忍言火及縣堂稅總戎龍存留大砲經火自發賊驚遁人以爲名將之靈云是年八月後每日日落時紅光從東南腳下如火照人面天盡赤約三月餘省臣引京房傳論之曰空應兵起齊稱火越占候家謂之血霞乃大旱大兵之明徵也又浦口西北伏龍山一帶有人頭鳥鵲餘身足如鶴頭縮而不伸胸前有圓文一道如人面三日後莫知所之或云頭如人披髮長尺餘鄉民見之有驚死者　十一年初夏蝻從天邑北來大如蜂蝨無數聯結渡城河循女牆入城人民相視震恐入縣堂內衙庭滿溢尺許倏然而去五六月亢極禱不應未幾年

毛疹盛行診者視人背上紫點以針剔之得血絲成羊毛分剛柔二毛自是雨氣遂絕七月井涸水騰貴每水一石市錢三十文有奇竹鎮擔水於市以供烹飪則又前史未載者　十二年秋雨紅豆堅小輪囷有二瓣食作腥氣　十三年大旱人相食時冶山靈巖俱出石麪爭取者日數千人調爲餅炊食之不易饑然服脹多死後用野莧芽皮及樹葉蔬梗雜穄以食遂不致死

國朝康熙八年民人王振家庭樹產白鳥二總督麻勒吉表進於朝　三十五年火焚南門內閭閻市房數百餘間　四十四年大水圩田高下淹沒城內行舟是年元旦觀靈巖山二處古松結毬大如斗團圞虬曲極空玲瓏經數月不散遠近觀者如堵皆以爲瑞兆云

雍正七年有龍風壞民房舍

乾隆六年滁水暴漲城外平地水深七八尺民多沉溺三日始退
二十年夏積雨水大發江漲四十餘日始退次年大饑斗米至
錢三百有奇
嘉慶十九年大旱
道光三年九年十一年十三年二十八年俱水災二十九年水災
尤大淹沒田廬無算　二十二年六月日食既晝晦
咸豐元年四月三日子時地震　三年三月地震　西城鳴　程
熊猶氏家產一豕兩頭八足雙尾　六月煙墩集地湧血水約寸
許孺之有色　西鄉地生毛　五年西倉外老榆出黑氣如濃煙
六年大旱飛蝗蔽天　西鄉許家廟地湧血水　西城外天雨
黑豆　五月城外東南隅近河之岸倒附十餘丈附屋一垂後賊
即由此掘地道殆其兆也　麥價每石錢十餘貫米價每石錢二

十餘里　七年正月地震　麥穗雙岐　河水東西流兩相激射高尺許謂之水門在迎秀社北東偏　八年北鄉距城十五里地裂丈餘深不見底有腥氣投以雞犬驗之亦並無他異　西洋山大風雨龍壞民屋　白晝鼠畢擾徧鄉城皆然　五月龍津橋浮出一物形似蛇長約三尺許色黃頭方有鱗角藏之入西岸穴而沒凡見三日　八年八月彗星見東南隅光長二丈許經旬始沒

同治十年地震有聲

六峰書院自國初嚴令森以來修學舍延名師爲院長者如熊湖陶翰林鏞上元戴學士瀚陳太僕其凝吳興殷掌科源巍丹徒張司馬廸皆能興起文教振作人材道光間裴縣令成照主講時優禮文士家貧好學者輒召入院親課之不取脩脯益以紙筆資之有古賢之風焉

李侍郎敬祖母葉太淑人生有奇稟身長七尺餘黑子著於右頰上如噀血晚年生鬚數莖力舉數百斤嘗左右手挺米二石而走子姬隨從燭下望之為神人性沈毅不輕言笑卒能佐敬公亦手致萬產教子孫官至二品大耋考終敬公年八十七淑人年九十二實奇女子也

李卿公少時族人呼之為騃貧甚過齋相者熟視之曰孺子面有陰騭文待交六六大如心兩頰生鬚號比論公孫長軀秀目鬚偏於左晚年右鬚始勻如相者之言而子孫乃繩繩貴矣

南門十字街賣餅家夜起作餅聞二兔相語明日湯貴生過此當避之不知湯何人也明日伺之至午後乃湯沐天邑過訪陸世忱發心陸送之復經此人並其語餅師異之然湯竟不顯乃知文人無位亦足貴也

六合風俗近厚康熙中曾某舉孝廉里中十人醵金五百爲公車
費有一人後至九人怒曰豈吝金耶孝廉聞其屏之說不得與
褒錫夔初生時父夢神人詔已曰爾子自夔州來因名錫夔字曰
鳳山登第後仕至四川達州知州閱州志達州古夔子國也凡所
居處游眺皆君已曾經歷者署後一山榜曰鳳山錫夔歎曰噫吾
其殆矣果疾卒于署貧至不能歸殮蓋近時之廉吏也
孫樹德字敬輿增生年六十有八卒先一日諭子庠生廷熊曰亟
焚香酌茗有僧接引迎秀港未幾端坐逝餘香繞屋數日
明烈婦鄭元妻郭氏事詳列女傳氏卒後一夕元夢其來車馬儀衛甚
都且曰吾已在長蘆水府爲神矣言畢颯然如風雨而去次夕姑
夢亦如之見宋文憲集
有九歲啞童僮同縣一童子過其門啞童忽嗔怒取大石擊之立

死官訊其由亟童忽言曰彼與我前世俱某縣民彼毆我死賂官以免故借生此地報之耳官異之牒取二家前生籍屬及原案証之一一皆合

東老灘古梅一株倒垂横拂若虬龍飛舞蓋數百年物也花時遠近展拜崇正乙亥有朱叟者夢一麗人泣求救且過梅下則一老人正斫虬枝急詢其故蓋厭遊人之擾耳叟力止之且以五金爲壽得不伐今樹已不存後人爲寫其狀刻石嵌於淮陰以誘搨之想見昔時勝概云

壽民賈浩年登百歲

六合文武學額舊十六名咸豐六年以守城籌餉援例加額文武各二名同治七年邑紳王承勝報效勇餉數鉅加額文武各六名則已儕大縣矣

【民國】六合縣續志稿

鄭耀烈修　汪昇遠、王桂馨纂

民國九年（1920）石印本

祥異

明宏治間竹鎮石固山出騶虞虎而黑文不食生物

萬歷二十四年七月十二日風雨晦冥竹鎮廟山農家黄牛産一麒麟其色青黑頭一角如栗遍身肉鱗鱗下淡紅色腹下無鱗有毛色如麟間尾如竹節端有青毛蹏折如牛村人憚報擊殺之死迺日盛暑不臭

天啟二年十二月二十二日地大震

崇禎末竹鎮江氏生一男無首邵氏生一物形如冬瓜目在腹孫氏生一男豎眉尖尾頂有毛郭老漢妻王氏一生三子宣龍川妻一生三子葉四官妻一生四子李侯婦一生四子以上手訊竹鎮紀略

清乾隆五十年秋後奇旱龍津橋上五里河斷流橋下十五里河水亦斷流

嘉慶十六年春有彗星長丈餘見於紫微垣占者謂兵旱之徵

二十二年二月二十三日縣城大火是夜四鼓有綢莊老彩以燎心蜜煨逆手熱時燈結一花大蓋花忽炸於窗紙上由是而天送房屋延燒不止北至十字街左右傳房俱燼向城樓屋亦趁勢而燃由南城而東至河下樓房背火樓全徐公見火不熄將頂悄卻於大中仍不熄將縣署頭門額六合縣三字御於火始熄然已焚去蘸予巷口

道光十三年夏五月暴風靈巖山塔頂被風吹至浙江紹興山中時邑人陸玉書在錢塘秦淳熙任龍游開浙江紹興縣山中於五月間因風落下一無底銅缸約容兩石許四周鑄九字云六合縣崇巖山文峯塔方如其塔頂者人往水鍋四六存於山上三年寺山僧以木為底常貯米後因亂失去無底冰奇矣

二十二年五月二十日大雷雨靈巖山半有一總者墳被雷擊將棺提擲澗中棺上一裂寬徑四五寸長丈餘五分然痕尚在求不生東人謂其棺即總志道文光之棺

二十九年大水雲巖山崩裂數十丈

三十年七月初一日午後日蝕無光昏黑不能辨人約三時許方

明

咸豐二年冬月十五日亥時地大動先是道光二十八九年亦地動不甚此次異常屋之梁柱皆有聲几案之杯盤皆翻動行路多仆居生者亦俯首不敢起以上袁渠訪兩則義培

三年兩城外有馬二一赤一白食田禾苗逐之去旋復來環而逸之倏不見是年江豚入河

七年正月八日雨黑豆嚼之味腥

八年雲巖山有聲若牛鳴以上江防廳光生現此碩坤

以上前志所遺今補以下續前志

同治十一年秋八月十九日辰時地震先有聲如雷

十三年夏五月二十四夜至六月中旬每黄昏時彗星見西北黎明又見東北

光緒二年民間譁傳邪術翦人髮辮被翦者幼壯居多或以狗血染辮辟之又傳邪術翦紙人作祟比戶夜驚擊敲銅器驚之

三年春二月初六日雨雹夏大蝗飛蔽天日縣令令民捕蝗每石給錢數百時駐浦汛統領亦派兵分赴浦六境內捕蝗始絕

七年夏六月彗星見東北

九年冬十月戊申朔日食是日日出有紅光燭天忽一刻許日入亦然如是月餘乃止

十四年夏大旱是年邑令舒鈞奚爲請緩免錢糧救斗收銀

十五年秋霖雨四十五日禾苗腐爛歲大祲

十七年夏五月地生毛白者如羊黑者如豬秋七月二十九日大風雨終日不止田禾多損傷

十九年春三月大雨雹麥苗盡折

二十四年二月大雪奇冷時有外來流亡千人逃至東城外泰山收凍死幾半邑人施選彩餅以振飢寒孟輪糧以斂死者夏五月米價騰貴甚時穀賤米每石價二三圓其時存處缺米設廠至六七圓一石五月十三日開堂挑夜翁民聚衆數千人擁至米舖搶米官不能禁蘇商有十餘艘同於是日搶米幾有不約而同者傳言邪術翦雞毛秋七月地生毛

二十六年春三月初十日巳初晝晦如夜午初始復光明夏六月

二十七年夏五月大風雨靈巖山文峯塔倒塌邑患大水東南圩田盡淹沒米南大圩如永興圩劉家圩埂最堅實均被水衝其他小圩沒於水者無算民飄泊無食邑紳集款東船救賑

二十九年春五月江水清約四十餘日

三十二年夏五月十四日大風

三十四年夏六月二十四夜彗星見東方

宣統元年冬十一月二十七日亥時地大震

二年除夕夜雷有聲次年秋革命軍起清亡凡南方聞雷之地皆受兵

三年夏邑大水秋七月米價騰貴每石五十圓外八月太白晝見

民國二年夏四月地震有聲未及兩月南京獨立

三年秋旱蝗歲饑

五年夏五月大雨邑西南圩田沒於水冬奇異河堅冰十餘日

六年冬復奇寒

七年夏麥秀雙歧見於西鄉竹鎮大營等集

八年四月二十六日亥時大風雨屋瓦幾飛來城外石牌坊倒折鄉間草屋多被風破壞

六合縣續志稿
卷十八
四

吴昌綬撰

吴郡通典備稿

民國十七年(1928)鉛印本

泰伯仲雍皆周太王之子而王季歷之兄也季歷賢而有聖子昌太王欲立季歷以及昌於是泰伯仲雍乃奔荆蠻文身斷髮示不可用荆蠻義之從而歸之者千餘家號曰句吳泰伯卒弟仲雍立仲雍卒子季簡立季簡卒子叔達立叔達卒子周章立是時武王克殷求泰伯仲雍後得周章周章已君吳因而封之别封周章弟虞仲於周之北故夏墟十二世而晉滅虞虞滅二世而吳興自泰伯至壽夢十九世壽夢立而吳始益大稱王王壽夢二年周簡王之二年也楚之亡大夫申公巫臣怨楚將子反而奔晉自晉使吳壽夢說之乃通吳於晉教吳用兵乘車令其子狐庸爲吳行人吳始伐楚蠻夷屬於楚者吳盡取之吳於是通於上國壽夢有子四人長曰諸樊次餘祭次餘昧次季札季札賢壽夢欲立之季札讓不可於是乃立諸樊王諸樊元年既免喪讓位季札季札謝曰曹宣公之卒也諸侯與曹人不義曹君將立子臧子臧去之以成曹君札雖不材願附於子臧之義吳人固立

季札季札棄其室而耕乃舍之封於延陵故號曰延陵季子諸樊卒有命授弟餘祭欲傳以次必致國於季札而止以稱先王壽夢之意且嘉季札之義兄弟皆欲致國令以漸至焉餘祭卒弟餘昧立餘昧卒欲授季札季札讓逃去於是吳人曰先王有命兄卒弟代立必致季子季子逃位則王餘昧後立今卒其子當代乃立餘昧子僚爲王王僚五年楚亡臣伍子胥來奔說王僚以伐楚之利公子光曰子胥父兄爲僇於楚欲自報其仇耳未見其利子胥知光有他志乃求勇士專諸見之光光喜客子胥子胥退耕於野以待專諸之事公子光者諸樊之子也常以爲吾父兄弟四人當傳至季子季子即不受國光父先立即不傳季子光當立陰納賢士欲以襲王僚八年七月使公子光伐楚拔居巢鍾離十二年冬楚平王卒十三年春吳欲因楚喪而伐之使公子蓋餘燭庸以兵圍楚之六灊使季札於晉以觀諸侯之變楚發兵絕吳後吳兵不得還於是公子光曰此時不可失也告專諸曰不索何獲我眞王嗣當立吾欲求之季子雖至不吾廢也四月丙子光伏甲士

於窟室而謁王僚飲王使兵陳於道自王宮至光之家門階戶席皆王親也人夾持鈹公子光詳爲疾入於窟室專諸置匕首於炙魚之中以進食手匕首刺王僚鈹交於胸遂弑王僚公子光代立是爲闔廬以專諸子爲卿二公子在楚聞光弑王僚乃以兵降楚楚封之於舒季子至曰苟先君無廢祀民人無廢主社稷有奉乃吾君也吾誰敢怨乎非我生亂立者從之先王之道也哀死事生以待天命復命哭僚墓復位而待王闔廬元年舉伍子胥爲行人與謀國事闔廬曰吾國在東南僻遠之地險阻潤濕有江海之害內無守禦民無所依倉庫不設田疇不墾則將奈何於是子胥說以立城郭設守備實倉廪治兵庫闔廬乃委計於子胥使之相土嘗水築大城周四十七里小城周十里案此據吳越春秋越絕書記大城周四十七里二百一步二尺小城周十二里稍爲近之若吳地記所云大城周迴四十二里三十七步小城八里二百六十步則顯有歧誤不知何所本也陸門八以象天之八風水門八以象地之八卦是時楚誅伯州犁其孫伯嚭亡奔吳以爲大夫三年十二月伐楚拔舒殺亡將二公子謀欲入郢孫武曰民勞未可待之武齊人也以兵法見闔廬闔廬以爲將

顯名諸侯武有力焉闔廬嘗謂之曰子之十三篇吾盡觀之矣四年秋再伐楚取六與灊五年夏始伐越敗之魯史墨曰不及四十年越其有吳乎越得歲而吳伐之必受其凶七年秋楚伐吳迎而擊之十月大敗楚軍於豫章取居巢九年十一月悉興師與唐蔡西代楚闔廬弟夫槩以五千人襲楚兵楚兵五戰五敗遂入郢十年春越聞闔廬之在郢國空乃伐吳吳使別兵擊越楚告急於秦秦遣兵救楚吳師敗夫槩見秦越交敗吳闔廬留楚不去遂亡歸自立爲吳王闔廬聞之引兵歸九月攻夫槩夫槩敗奔楚楚封之於堂谿十九年五月吳伐越越王句踐迎擊之敗吳於姑蘇靈姑浮以戈擊闔廬傷將指還卒於陘發卒十萬人大治冢桐棺三重澒池六尺黃金珍玉爲鳧雁扁諸盤郢魚腸之劒在焉取土臨湖葬三日白虎踞其上名其山曰虎邱太子夫差立使人立於庭苟出入必謂己曰夫差而忘句踐之殺而父乎則對曰唯不敢忘（案此用左氏傳文史記則以爲闔廬謂夫差語）王夫差元年以伯嚭爲太宰習戰射常以報越爲志二年伐越敗之夫椒句踐乃以甲楯五千保於會稽使

大夫種行成請委國爲臣妾夫差將許之伍子胥諫不聽退而告人曰越十年生聚而十年教訓二十年之外吳其爲沼乎大夫種乃以美女寶器因太宰嚭行成夫差喜子胥懼曰是棄吳也再諫不聽使子胥於齊子胥屬其子於齊鮑氏還報夫差夫差聞之大怒賜子胥屬鏤之劍以死將死曰樹吾墓上以梓令可爲器抉吾眼置之吳東門以觀越之入吳也夫差取子胥尸盛以鴟夷革浮之江中吳人憐之爲立祠於江上句踐自會稽歸苦身焦思與百姓同其勞拊循士卒思以雪會稽之恥十四年春夫差北會諸侯於黃池欲霸諸侯六月越發習流二千人教士四萬人君子六千人諸御千人伐吳敗太子友於姑熊夷乃率中軍泝江以襲吳入吳郛焚姑蘇徙大舟吳晉爭長未成邊鄙乃至吳人告敗於王王惡其聞也或泄其語斬七人於幕下既盟晉別欲伐宋太宰嚭曰可勝而不能居也乃引兵歸國國無太子內空王居外久士皆罷敝於是乃使厚幣以與越平十八年三月句踐帥兵伐吳夾水而陳越爲左右句卒使夜或左或右鼓譟而進吳師分以禦

之越以三軍潛涉當吳中軍而鼓之吳師大亂敗於笠澤二十年春越侵楚以誤吳二十一年十一月遂圍吳二十三年十一月越敗吳棲吳王於姑蘇之山吳使公孫雄請成句踐憐之使人謂夫差曰吾置王甬東百家夫差曰孤老矣不能事君王也吾悔不用子胥之言自令陷此遂自刎死句踐乃葬夫差而誅太宰嚭會諸侯於徐州周元王使人致胙命爲伯於是以淮上地與楚歸吳所侵地於宋與魯泗東方百里越兵橫行於江淮東諸侯畢賀號稱霸王越之賢大夫曰范蠡佐句踐謀吳事既滅吳范蠡辭句踐去乘輕舟以浮於五湖莫知所終句踐六傳至王無疆王無疆二十三年楚威王伐越大敗之殺王無疆盡取故吳地至浙江楚考烈王元年以黃歇爲相封爲春申君賜淮北地十二縣十五年虞卿謂春申君曰吾聞之春秋於安思危危則慮安今楚王春秋高矣而君之封地不可不早定也爲主君慮封莫如遠楚春申君因言於楚王曰淮北地邊齊其事急請以爲郡便因并獻淮北十二縣請封於江東考烈王許之春申君因城故吳墟以爲都邑

宮室極盛使其子爲假君留吳二十二年春申君就封於吳行相事二十五年考烈王薨李園殺春申君使吏盡捕誅春申君之家秦始皇帝二十四年王翦蒙武虜楚王負芻以其地置楚郡二十五年悉定楚江南地降百越之君置會稽郡治於吳二十六年分天下爲三十六郡郡置守尉監於是定楚地爲九江鄣會稽三郡三十七年十月始皇帝出游浮江下觀籍柯渡海渚過丹陽至錢唐臨浙江上會稽望於南海還過吳從江乘渡是時項梁殺人與從子籍避仇吳中吳中賢士大夫皆出梁下每吳中有大繇役及喪梁常爲主辦陰以兵法部勒賓客子弟始皇帝東游梁與籍俱觀籍曰彼可取而代也梁掩其口曰毋妄言族矣梁以此奇籍籍年二十四長八尺餘力能扛鼎才氣過人雖吳中子弟皆已憚籍矣二世元年陳涉等起大澤中會稽守殷通欲發兵召籍入籍擊斬守梁佩其印綬一府中皆慴伏莫敢起於是梁爲會稽守籍爲裨將遂舉吳中兵徇下縣

漢高帝五年灌嬰渡江破吳郡長吳下得吳守遂定吳豫章會稽地六年正月立從父賈爲荆王王故東陽郡鄣郡吳郡五十三縣案府志引灌嬰破吳郡長吳下改郡字作縣謂秦漢之際吳屬會稽不當稱郡其言良是然攷史記漢書灌嬰傳皆作吳郡下文又云吳守吳既非郡安得有守劉文淇楚漢諸侯疆域志則曰吳郡即會稽郡吳守即會稽守竊意吳爲郡治守所親隸有可借作本郡通稱者故史漢於荆王封國一條亦以會稽爲吳郡也此文疏證當以劉志爲準不必從府志改字之說惟言吳縣者可通稱吳郡若包括會稽全境則未宜偏舉耳都廣陵十一年七月淮南王黥布反東擊荆賈與戰弗勝走富陵爲布軍所殺帝自將誅布患吳會稽輕悍無壯王以塡之還過沛詔曰吳古之建國也日者荆王兼有其地今死無後朕欲復立吳王其議可者長沙王等言沛侯濞重厚請立爲吳王於是吳地更屬濞孝景帝前三年吳王濞反國除四年六月分廣陵以封江都王非而會稽乃復爲郡置會稽太守治於吳曲阿烏傷毗陵餘暨陽羨諸暨無錫山陰丹徒餘姚婁上虞海鹽剡由拳大末烏程句章餘杭鄞錢唐鄮富春治回浦二十六縣案朱長文吳郡圖經續記曰此州在漢祇一縣之境於唐爲半郡之餘分井之跡古今迥異然不詳其如何井則不能紀其如何分今悉以統郡爲率即如一事而行於全郡者不得謂無涉於吳亦未可改易舊文專以屬吳故必書統郡而事乃賅備特著其例後並倣此武

帝建元元年十月詔舉賢良方正直言極諫之士親策問以古今治道對者百餘人帝善嚴助對擢助爲中大夫獨見任用助忌之子也三年閩越舉兵圍東甌告急帝以新即位不欲出虎符發兵郡國遣助以節發兵會稽會稽守欲距法不爲發助乃斬一司馬以諭意指遂發兵浮海救東甌未至閩越引兵罷後三歲閩越復興兵擊南越南越守天子約不敢擅發兵而上書以聞帝多其義大發兵救之淮南王安上書諫是時漢兵遂出踰嶺適會閩越王弟餘善殺王以降漢兵罷帝嘉淮南之意美將卒之功令助諭意風指於南越越遣太子隨助入侍助還又諭淮南王告王越事與淮南相結而還帝大悅助既貴幸乃薦朱買臣亦爲中大夫帝從容問助居鄉里時助曰家貧爲友壻富人所辱帝問所欲對願爲會稽太守助爲會稽數年不聞問帝賜書曰君厭承明之廬勞侍從之事懷故土出爲郡吏會稽東接於海南近諸越北枕大江間者濶焉久不聞問具以春秋對助恐上書謝願奉三年計最時東越數反覆買臣言故東越王居保泉山一人守險千人不

得上今聞更徙處南行去泉山五百里居大澤中今發兵浮海直指泉山列兵席卷南行可破滅也帝拜買臣會稽太守謂曰富貴不歸故鄉如衣繡夜行今子何如買臣頓首謝懷會稽太守章步歸郡邸長安廄吏乘駟馬車來迎會稽聞太守且至發民除道縣長吏並送迎車百餘乘一時榮之既至郡治樓船備糧食水戰具居歲餘受詔將兵與橫海將軍韓說等俱擊破東越同時陸烈爲吳令多惠績既卒吳人思之迎其喪葬於胥屏亭子孫遂爲吳縣人吳陸氏所自出也元狩四年冬有司言關東貧民徙會稽等郡凡七十二萬五千口縣官衣食振業用度不足請收銀錫造白金皮幣以足用元封五年置十三州刺史會稽屬揚州刺史平帝元始二年會稽郡戶二十二萬三千三十八口百三萬二千六百四是時王莽益專恣梅福爲南昌尉知莽必簒漢祚一朝棄妻子去不知所往其後人有見福於會稽者變姓名爲吳市門卒云王莽始建國元年改郡太守曰大尹都尉曰大尉縣令長曰宰改吳曰泰德其他縣並更名淮陽王更始元年以任延爲大司馬

屬拜會稽都尉延年十二爲諸生顯名太學中號爲任聖童至是年十九迎官驚其壯及到靜泊無爲惟先遺饋禮祠延陵季子時天下新定道路未通避亂江南者皆未還中土會稽頗稱多士延到皆聘請高行待以師友之禮掾吏貧者輒分俸祿以振給之省諸卒令耕公田以周窮急每時行縣輒使慰勉孝子就餐飯吳有龍邱萇者隱居太末志不降辱王莽時四輔三公連辟不到掾吏白請召之延曰龍邱先生躬德履義有原憲伯夷之節都尉掃灑其門猶懼辱焉召之不可遣功曹奉謁修書記致醫藥吏使相望於道積一歲萇乃乘輦詣府門願得先死備錄延辭讓再三遂署議曹祭酒旋病卒延自臨殯不朝三日是以郡中賢士大夫爭往宦焉世祖建武初賊張子林等數百人作亂彭脩爲本郡從事郡言州請脩守吳令脩與太守俱出討賊賊望見車馬交射之飛矢雨集脩障扞太守爲流矢所中死太守得全賊素聞脩恩信即殺弩中脩者餘悉降散言曰自爲彭君故降不爲太守服也案後漢書彭脩傳張子林作亂無年月脩脫鍾離意邪是時意爲主簿以傳攷之當在建武初也脩初仕郡爲功曹時西部都

尉宰鼂行太守事以微過收吳縣獄吏將殺之主簿鍾離意爭諫甚切鼂怒使收縛意欲案之掾史莫敢諫脩排閤直入拜於庭曰明府發雷霆於主簿請聞其過鼂曰受教三日初不奉行廢命不忠豈非過耶脩因拜曰昔任座面折文侯朱雲攀毀欄檻自非賢君焉得忠臣今慶明府爲賢君主簿爲忠臣鼂遂原意罰貰獄吏罪十四年會稽大疫死者萬數意任縣事獨身自隱親經給醫藥所部多蒙全濟二十九年以第五倫爲會稽太守倫雖爲二千石躬自斬芻養馬妻執炊爨受俸裁留一月糧餘皆賤貿與民之貧羸者會稽俗多淫祀好卜筮民常以牛祭神百姓財產以之困匱其自食牛肉而不以薦祠者發病且死先爲牛鳴前後郡將莫敢禁倫到官移書屬縣曉告百姓其巫祝有依託鬼神詐怖愚民皆案論之有妄屠牛者吏輒行罰民初恐懼或祝詛妄言倫案之愈急後遂斷絕百姓以安明帝永平五年倫坐法徵老小攀車叩馬啼呼相隨日裁行數里不得前倫乃僞止亭舍陰乘船去衆知復追之及詣廷尉吏民上書守闕者數千人詔公車爲會稽

太守上書者勿復受會稽幸廷尉錄囚徒得免十三年尹興爲會稽太守時歲荒民飢困興使戶曹史陸續於都亭賦民饘粥續悉簡閱其民訊以名氏事畢興問所食幾何續因口說六百餘人皆分別姓名無有差謬興異之十四年楚王英至丹陽自殺時窮治楚獄牽引甚衆英嘗陰疏天下善士帝得其錄有尹興名乃徵興詣廷尉獄續與主簿梁宏功曹史駟勳及掾史五百餘人詣洛陽詔獄就考諸吏不堪痛楚死者太半惟續宏勳掠考五毒飢肉消爛終無異辭續母遠至京師覘候消息獄事持急無緣與續相聞母但作饋食付門卒以進之續雖見考苦毒而辭色慷慨未嘗易容惟對食悲泣不能自勝使者怪而問其故續曰母來不得相見故泣耳問何以知之續曰母截肉未嘗不方斷葱以寸爲度是以知之使者問諸謁舍續母果來於是陰嘉之上書說續行狀帝即赦興等事還鄉里禁錮終身和帝永元中吳大旱民物顛頓時何敞隱居太守慶宏遣戶曹掾致謁奉印綬請守無錫敞不受退歎曰郡界有災安得懷道因跋涉之縣駐明星屋中蝝蝗消

死敵旋遁去案續漢五行志永寧中書舉者有二年十五年書蝗者有四年皆統言郡國ム十ム不知吳舉果在何年記俟更考安帝永初六年四月會稽大疫遣光祿大夫將太醫循行疾病賜棺木除田租口賦順帝永建四年分浙江東爲會稽郡西爲吳郡案三國志注引會稽典錄朱育對濮興曰永建四年劉府君上書浙江之北以爲吳郡會稽還治山陰此以吳人述漢事最可徵信水經漸江水注曰永建中陽羨周嘉上書以縣遠赴會至難求得分置遂以浙江西爲吳以東爲會稽吳地記曰永建四年山陰縣人殷重獻澮於帝請分江置兩浙詔司空王襲封從錢唐江中分向東爲會稽郡向西爲吳郡三書互異府志於職官列劉府君名不可攷仍其舊稱所据是矣而雜記中引吳郡志用鄭大使說未加辯證致有矛盾今從後漢帝紀不錄上書人名各從原書條列於下以備攷領吳海鹽烏程餘杭毗陵丹徒曲阿由拳安富春陽羨無錫婁十三城仍爲揚州刺史部陽嘉元年三月揚州六郡妖賊章河等寇四十九縣殺傷長吏二年二月詔以吳郡飢荒貸人種糧永和二年八月庚子熒惑犯南斗斗爲吳三年五月吳郡太守行丞事羊珍與越兵弟葉吏民吳銅等二百餘人起兵反殺吏民燒官亭民舍攻太守府太守王衡距守吏兵格殺珍等五年吳郡戶十六萬四千一百六十四口七十萬七百八十二桓帝永興二年吳郡守糜豹始建泰伯廟於閶門外豹嘗出行屬城問功曹唐景風俗所尚景曰處家無不孝之子立廟無不忠之臣文爲儒宗武爲將帥時

人以爲善言靈帝熹平三年吳郡司馬富春孫堅召募精勇得千餘人不助州郡討許生破之獻帝建安元年孫策逐吳郡太守許貢以朱治爲太守初孫堅娶錢唐吳氏有四男策權翊匡策少時已結交知名舒人周瑜聞策聲問因來造焉推結分好勸策徙居舒堅卒策年十七當嗣侯以讓弟匡還葬曲阿已乃渡江居江都廣結豪俊有復讎之志至壽春詣袁術術貴異之然未肯還其父兵詔策曰孤始用貴舅爲丹陽太守賢從伯陽爲都尉彼精兵之地可還依召募策乃載母徙曲阿與呂範孫河俱就吳景因緣召募得數百人爲涇縣大帥祖郎所襲幾殆復往見術術乃以堅餘兵千餘人還策表拜懷義校尉許以爲九江太守已而用陳紀又許以廬江太守復用劉勳不果策由是失望丹陽朱治嘗爲孫堅校尉勸策歸定江東策言於術術知策恨已而謂策未必能定許之拜折衝校尉以行次溧陽周瑜以兵來迎攻橫江拔之迤邐南下治從錢唐欲進到吳許貢拒之於由拳治與戰大敗之時山賊嚴白虎有衆萬餘在吳郡南阻山屯聚貢往依之治遂入

郡領太守事策引兵渡浙江會稽太守王朗逆戰敗之朗詣策降二年曹操遣議郎王誧以詔書拜策爲騎都尉襲爵烏程侯領會稽太守使與呂布等共討袁紹策欲得將軍號以自重誧即承制假策明漢將軍三年策遣張紘獻方物曹操欲撫納之表策爲討逆將軍封吳侯四年策引兵攻鄒佗錢銅王晟等初盛憲爲吳郡太守舉高岱孝廉許貢來領郡岱將憲避難於營帥許昭家佗等各聚衆萬餘或數千人不附策至是悉破之策母吳夫人曰晟與汝父有升堂見妻之分今其諸子兄弟皆已梟夷獨餘一老翁何足復憚乎乃舍之餘咸族誅遂進攻嚴白虎白虎兵敗奔餘杭投許昭衆請擊昭策曰許昭有義於舊君有誠於故友此丈夫之志也禁勿擊方策敗嚴白虎兵殺許貢貢小子與客潛民間欲爲貢復讐五年四月策西擊黃祖軍還次丹徒待運糧單騎出卒與客遇客三人舉弓射策中頰創甚召張昭等謂曰中國方亂以吳越之衆三江之固足以觀成敗公等善相吾弟呼權佩以印綬謂曰舉江東之衆决機於兩陳之間與天下爭衡卿不如我舉

賢任能各盡其心以保江東我不如卿丙午策卒年二十六堅策墓並在盤門外三里大帝建國追尊曰高陵皆元康中吳令謝詢請爲孫氏置守冢人張浚作表曰吳爲武烈皇帝遭漢室之弱値亂臣之彊首倡義兵先衆犯難破董卓於陽人濟神器於甄井威震羣牧名顯往朝桓王才武弱冠承業招百越之士奮鷹揚之勢西赴許都將迎幼主雖元勳未終然至忠已著家積義勇之基世傳扶危之業進爲徇漢之臣退爲開吳之主而蒸嘗絕於三葉園陵殘於薪采臣竊悼之二君私奴多在墓側今爲平民乞差五人蠲其徭役使四時修護頹毀掃除塋壟永以爲常有詔從之案孫氏未有國之先世居於吳吳夫人捨宅爲通元寺固可證也二君卒葬吳縣於理爲宜謝詢一表明碻可據非若吳地記唐人之筆或有依託特吳志有還葬曲阿一語丹陽劉經滄指高陵在縣西練塘瘞吳陵港於是盤門之墓專屬於策其實非也府志博攷傳記斷從謝表謂當是葬曲阿後遷於吳史不及詳載耳此說最當今於前述還葬仍依吳志原文而紀堅策墓所備錄謝表以示徵信二君大節亦藉表文以槩括也魏文帝黃初三年十月孫權建元黃武明帝太和元年孫權稱皇帝都建業改元黃龍初興平中吳中童謠曰黃金車班蘭耳闓昌門出天子至是乃驗九月徵陸遜輔太子登掌武昌留事遜初仕權爲定威校尉權以兄策女配遜數訪

世務襄贊戎幕歷輔國將軍荊州牧江陵侯至是拜上大將軍右都護幷掌荊州豫章三郡事董督軍國後代顧雍爲丞相弟瑁子抗並有功於吴抗子晏景機雲著稱晉世爲吴中巨望族人績爲鬱林太守加偏將軍給兵二千人績意在儒雅非其志也雖有軍事著述不廢作渾天圖注易釋元並傳於時豫自知亡日乃爲辭曰有漢志吴郡陸績幼敦詩書長玩禮易受命南征遘疾遇厄遭命不幸嗚呼悲隔又曰從今已去六十年之外車同軌書同文恨不及見也年三十二卒案唐書陸龜蒙傳陸氏在姑蘇其門有巨石遠祖績爲鬱林守罷歸無裝舟輕不可越海取石爲重人稱其廉號鬱林石世保其居云此事古今豔稱而吳志本傳不載裴注多紀軼聞亦未及之不識唐書何所本績自爲辭有受命南征遘疾遇厄之語似卒於任所傳無罷歸之文也此石從來殆未可信附識俟攷績於鬱林所生女名曰鬱生適張温弟白姚信表稱之曰臣見故鬱林太守陸績女子鬱生少履貞特之行幼立匪石之節年始十三適同郡張白侍廟三月婦禮未卒白遭罹家禍遷死異郡鬱生抗聲昭節義形於色冠蓋交横誓而不許奉白姊妹嶮巇之中蹈履水火志懷霜雪義心固於金石體信貫於神明送終以禮邦士慕則乞蒙聖朝斟酌前訓上開天聽下垂坤厚褒

鬱生以義姑之號以厲兩髦之節則皇風穆暢士女改視矣大帝太元元年八月大風江海涌溢平地深八尺吳高陵松柏盡拔石碑蹉動郡城南門飛落景帝永安中賀邵爲吳郡太守初不出門吳中諸强族輕之乃題府門曰會稽雞不能啼邵聞故出行至門反顧索筆足之曰不可啼殺吳兒於是至諸屯邸撿校顧陸役使官兵及藏逋亡悉以事言上罪者甚衆陸抗時爲江陵都督故下請於烏程侯皓然後得釋吳主皓甘露元年七月送景帝四子於吳小城尋復追殺大者二人寶鼎元年十月詔曰古者分土建國所以褒賞賢能廣樹藩屏秦毁五等爲三十六郡漢室初興闓立乃至百五因事制宜蓋無常數也今吳郡陽羡永安餘杭臨水及丹陽故鄣安吉原鄉於潛諸縣地勢水流之便悉注烏程既宜立郡以鎮山越且以藩衛明陵奉承大祭不亦可乎其亟分此九縣爲吳興郡治烏程於是吳郡領吳婁嘉興富春建德桐廬新昌鹽官新城十縣天冊元年吳郡言掘地得銀長一尺廣三分刻上有年月字於是大赦改年天璽元年吳郡言臨平湖自漢末

草穢壅塞今更開通長老相傳此湖塞天下亂此湖開天下平又於湖邊得石函中有小石青白色長四寸廣二寸餘刻上作皇帝字於是大赦改年

晉武帝咸甯六年三月平吳改元太康以司隸所統郡置司州二年分丹徒曲阿延陵毗陵曁陽無錫爲毗陵郡其後分吳縣置海虞於是吳郡領吳嘉興海鹽鹽官錢唐富陽建德壽昌海虞婁十一縣戶二萬五千與吳興丹陽號曰三吳大康中蔡洪爲本州從事嘗侍揚州刺史周浚坐言及吳士令條列名狀洪爲書稱疏所知曰吳展字士季下邳人忠足矯非信可結神才堪幹世仕吳爲廣州刺史吳郡太守吳平還下邳閉門自守不交賓客誠聖王之老成明時之儁乂也朱誕字永長吳郡人體履清和黃中通理吳朝舉賢良累遷議郎今歸在家誠理物之至德淸選之高望也嚴隱字仲弼吳郡人禀氣清純思度淵偉吳朝舉賢良宛陵令吳平去職九皋之鳴鶴空谷之白駒也張暢字威伯吳郡人禀性堅明志行淸朗居磨湟之中無淄磷之損歲寒松柏幽夜之逸光也惠帝永甯元年齊王冏辟吳郡張翰爲東曹掾前廷尉正顧榮爲主簿冏擅權驕恣咸懼及禍翰謂榮曰天下

紛紛禍難未已夫有四海之名者求退良難吾本山林閒人無望於時子善以明防前以智慮後榮愴然執其手曰吾亦與子採南山蕨飲三江水耳翰因見秋風起乃思吳江菰菜蓴羹鱸魚膾曰人生貴適志何能羈宦數千里以要名爵乎遂命駕而歸俄而冏敗人皆謂翰見幾榮稚之孫也少朗俊機警風頴標徹故酣飲不省府事以自韜晦長史葛旟白冏謂榮廢職徙中書侍郎後仕元帝朝以功名終大安二年十月成都王頴執平原內史陸機及機弟右司馬雲平東祭酒耽殺之機兄弟少有盛名文章冠世伏膺儒術非禮不動抗卒領父兵爲牙門將吳滅退居舊里閉門勤學積十年太康末入洛楊駿辟爲祭酒趙王倫將簒位以爲中書郎倫誅齊王冏收機付廷尉頴及吳王晏並救理之機感頴全濟之恩或以中國多故勸之還吳機負其才望志匡世難未能從也及頴起兵假機後將軍督王粹牽秀等諸軍二十萬雲著南征賦以美其事機羈旅單宦頓居羣士之右多不厭服既屢戰失利死散過半初宦人孟玖頴所嬖幸乘寵豫權雲數言其短頴不

能納玖又從而毀之是役也玖弟超亦領衆配機不奉軍令機繩之以法超宣言曰陸機將反牽秀等譖機於穎以爲持兩端玖復搆之於內穎信之使秀密收機參軍王彰諫曰今日之舉强弱異勢庸人猶知必克况機之明達乎但機吳人殿下用之太過北土舊將皆疾之耳穎不從機聞秀至釋戎服著白帢與秀相見神色自若謂秀曰自吳朝傾覆吾兄弟宗族蒙國重恩入侍帷幄出剖符竹成都命吾以重任辭不獲已今日受誅豈非命也因與穎牋詞甚悽惻既而歎曰華亭鶴唳可復聞乎秀遂殺之幷收雲耽並伏法是日昏霧晝合大風折木議者以爲陸氏之寃孫惠與朱誕書曰不意三陸相携闇朝一旦湮滅道業淪喪痛酷之深荼毒難言國喪儁望悲豈一人後東海王越討穎移檄天下亦以機雲兄弟枉害罪狀穎云元帝大興元年四月加王導驃騎大將軍開府儀同三司導遣八部從事行揚州郡國還同時俱見諸從事各言二千石官長得失獨顧和無言導問之和曰明公作輔寧使漏網吞舟何緣采聽風聞以察察爲政耶導稱善和榮之族子

也時顏含以侍中除吳郡太守導問卿今莅名郡政將何先答曰王師歲動編戶虛耗南北權豪競招游食國敝家豐執事之憂且當徵之勢門使反田桑數年之間欲令戶給人足如其禮樂俟之明宰含所歷簡而有恩明而能斷然以威馭下導歎曰顏公在事吳人斂手矣未之郡復爲侍中二年六月吳郡米廪無故自壞是歲無麥禾大飢死者千數太守鄧攸表請振貸未報輒開倉救之爲臺所劾有詔原之攸在郡刑政清明俸祿無所受惟飲吳水而已比去官百姓留牽攸船不得進乃小停夜中發去吳人歌云紞如打五鼓雞鳴天欲曙鄧侯挽不來謝令推不去百姓詣臺乞留一歲不許三年四月吳郡地震永昌元年四月王敦將沈充陷吳吳國內史張茂及其二子死之（案成帝咸和元年始立吳國此時吳尚爲郡不得有內史而晉書本文如是且不止一見未敢臆改存以俟攷）茂妻陸氏傾家產帥部曲爲先登以討沈充報其夫仇及充敗陸氏詣闕上書爲茂謝不克之責詔曰茂夫妻忠誠舉門義烈可贈茂太僕成帝咸和元年十月己巳封皇弟岳爲吳王改吳郡爲吳國置內史行太守事仍統於揚州二年十二月丙寅

徙封皇弟岳爲琅琊王三年二月蘇峻遣兵攻吳國内史庾冰冰不能禦棄郡奔會稽至浙江峻購之急吳鈴下卒引冰入船以蘧蒢覆之吟嘯鼓枻泝流而去每逢邏所輒以杖叩船曰何處覓庾冰庾冰正在此人以爲醉不疑之冰僅免峻以侍中蔡謨爲吳國内史初峻東征與吏部郎陸邁俱將至吳密勅左右令入閶門放火以示威邁知其意謂峻曰吳治平未久必將有亂若爲亂階請從我家始峻遂止五月會稽内史王舒以冰行奮武將軍移告屬縣以吳王師虞𩦎爲軍司御史中丞謝藻行龍驤將軍監前鋒征討軍事率衆一萬與吳興太守虞潭前義興太守顧衆護軍顧颺及蔡謨等並起兵應之渡浙江於御亭築壘舒率衆次郡之西江爲冰藻後繼冰等遣前鋒進據無錫遇賊將張健等數千人交戰大敗奔還御亭復自相驚擾冰等退還錢唐藻守嘉興賊遂入吳燒府舍掠諸縣所在塗地舒以輕進奔敗斬二軍主者免冰颺督護以白衣行事更以顧衆督護吳晉陵軍健等方據吳城衆自海虞由婁縣東倉與賊别率交戰破之義軍又集屯烏苞亭

不敢進時暴雨大水賊管商乘船旁出襲潭及衆潭等奔敗潭還保吳興衆退守錢唐舒留謝藻守錢唐使衆颺守紫壁於是賊轉攻吳興潭軍復退賊掠東遷餘杭武康諸縣舒遣子允之與徐遜陳儒朱燾以精鋭三徑邀賊於武康破之進兵助助潭韓晃既破宣城轉入故鄣長城允之遣朱燾等擊走之是時臨海新安諸山縣並反應賊舒悉平之既而晃等南走允之追躡於長塘湖又敗之賊平五年五月趙石勒將劉徵帥衆數千浮海抄東南郡縣殺南沙都尉許儒六年正月劉徵復寇婁縣掠武進以司徒郄鑒都督吳國諸軍事擊郤之七年正月石勒將韓雍寇南沙及海虞九年五月吳縣吳雄家有死楡樹因風雨起生時康帝爲吳王雖改封瑯琊而猶食吳郡爲邑是帝起正體饗國之象也康帝建元元年七月吳郡災穆帝永和五年十二月以吳國内史荀羨爲使持節兼徐兗二州揚州之晉陵諸軍事徐州刺史時年二十八中興方伯未有如羨之少者海西公太和六年六月吳郡大水稻稼蕩沒黎庶飢殣十一月己酉桓温宣崇德太后令廢帝爲東

海王迎會稽王昱即位改元咸安簡文帝咸安元年十二月大司馬温奏放廢人之屏之以遠不可以臨黎元東海王宜依昌邑故事築第吴郡太后詔曰使爲庶人情有不忍可特封王温又奏可封海西縣侯庚寅封海西縣公食邑四千戶案晉書海西公紀封海西縣公在二年正月簡文帝紀則在元年十二月通鑑從簡文紀攷是月有戊子庚寅乃其後二日自以此年爲合也二年四月徙居吴縣西柴里勅吴國內史刁彝防衛又遣御史顧允監察之十一月彭城妖賊盧悚遣弟子許龍晨到海西公門稱太后密詔奉迎復興公初欲從之納保母諫而止龍曰大事垂集焉用兒女子言乎公曰我得罪於此幸蒙寬宥豈敢妄動哉且太后有詔便應官屬來何獨使汝也汝必爲亂因叱左右縛之龍懼而走公知天命不可再深慮橫禍乃杜塞聰明無思無慮終日酣暢躭於內寵有子不育庶保天年時人憐之爲作歌焉朝廷知其安於屈辱不復爲虞是歲三吴大旱民多餓死孝武帝寧康二年詔三吴遭水之縣尤甚者全除一年租布其次聽除半年受振貸者即以賜之太元十一年十月甲申海西公薨於吴時年四十五以庚后合葬吴陵十五年

九月丁未以吳郡太守王珣爲尚書僕射珣在郡爲士庶所悅有別館在虎邱山撰山銘云虎邱先名海涌山又云山大勢四面周嶺南則是山逕兩面壁立交林上合升降窈窕亦不卒至戴逵潛詣之與珣游處積旬及是上疏請召逵爲國子祭酒逵名益顯安帝隆安元年前司徒長史王廞以吳郡反廞以母喪居吳王恭舉兵討王國寶假廞建武將軍吳國內史令起軍助爲聲援廞即墨經合衆誅殺異己者仍遣前吳國內史虞嘯父等入吳興聚兵輕俠赴者萬計廞自謂義兵一動勢必未甯可乘間以取富貴未幾國寶死恭罷兵符廞去職反喪服因大怒使長子泰迴兵伐恭恭遣司馬劉牢之帥五千人擊泰斬之又與廞戰於曲阿廞衆潰奔走不知所在少子華以不知廞存亡憂毀布衣蔬食後從兄諡言其死所華始發喪入仕方廞之起兵也以其女爲貞烈將軍悉以女人爲官屬郡人顧琛母孔氏爲司馬其後東土飢荒人相食孔氏散家糧以振邑里得活者甚衆生子皆以孔爲名焉三年十一月孫恩陷會稽吳國內史桓謙委官遁恩世奉五斗米道

叔父泰見天下兵起以爲晉祚將終乃扇動百姓私集徒衆三吳士庶多從會稽內史謝輶發其謀誅之恩逃於海聚合亡命得百餘人志欲復仇及元顯縱暴吳會不安恩因其騷動自海襲會稽殺內史王凝之有衆數萬吳郡陸瓌等殺長吏以應之旬日之中衆數十萬恩據會稽自號征東將軍號其黨曰長生人吳會承平日久民不知兵又無器械故所在多被破亡殺戮之慘徧於諸郡初吳郡治下狗恆夜吠聚高橋上人家狗有限而吠聲甚衆或有夜覘視之云一狗假有兩三頭皆前向亂吠未幾恩果作亂四年十一月吳國內史袁山松築滬瀆壘緣海備恩五年五月恩復入浹口甯朔將軍高雅之敗績鎮北將軍劉牢之進擊恩還於海轉寇滬瀆山松被害死者數千人仍浮海向京口劉裕屢敗之又破之於滬瀆元興元年三月恩復寇臨海爲臨海太守辛景所敗赴海自沈其亂乃平義熙十一年京都所在大行火災吳界尤甚火防甚峻猶自不絕王宏時爲吳郡晝在廳事見天上有一赤物下狀如信幡遙集路南人家屋上火即大發宏知爲天災故

不罪火主

宋廢帝景平二月五月乙酉徐羨之等稱皇太后令數帝過惡廢帝爲營陽王遷於吳王至吳居金昌亭六月癸丑羨之等使邢安泰就弒之王多勇力不即受制突走出閶門追者以門關踣而弒之時年十九傅亮率行臺百官奉法駕迎宜都王義隆於江陵纂承大統祠部尚書蔡廓至尋陽遇疾不堪前亮與之別廓曰營陽在吳宜厚加供奉一旦不幸卿諸人有弒主之名欲立於世將可得耶時亮已與羨之議害營陽王乃馳信止之不及羨之大怒曰與人共計議如何旋背即賣惡於人耶文帝元嘉十七年九月帝以彭城王義康嫌隙已著將成禍亂十月戊申收劉湛付廷尉就獄誅之幷遣沈慶之收其黨劉斌等八人時斌爲吳郡守郡堂屋西頭鴟尾無故落地治之未畢東頭鴟尾復落頃之伏誅劉損爲吳郡守至閶門便入泰伯廟廟室頽毀垣牆不修損愴然曰淸塵尚可彷彿衡宇一何摧頽即令修葺是時三吳水潦穀貴民饑彭城王義康立議以東土災荒民稠穀踊富

商蓄米日成其價宜班下所在隱其虛實令積蓄之家聽留一年儲餘者勒使糶貸爲制平價又沿淮歲豐令三吳饑民即以貸給使强壯轉運以贍老弱案此據文獻通考引作元嘉中宋書亦同以彭城王事攷之當在十七年以前全書凡年月缺失者附書每朝之末今明其例於此

孝武帝孝建二年三吳饑詔所在振貸

大明二年六月白燕産於吳郡城内太守王翼之以獻三年二月乙卯改揚州之丹陽淮南宣城吳郡吳興義興六郡爲王畿八年十二月壬辰仍以王畿諸郡爲揚州大明中東方諸郡連歲旱災米一升錢數百餓死者什六七先是七年春太湖旁忽多鼠其夏水至悉化爲鯉魚民人一日取轉得三五十斛爲饑荒之兆順帝昇明元年十二月蕭道成以吳郡太守劉遐據郡不從執政令張環攻斬之是時遐兄秉潛有異圖遐在郡恒相影響聚衆三千人治攻具道成密遣殿中將軍卞白龍令環取遐環永之子也諸張世有豪氣環宅中常有父時舊部曲數百遐召環環僞受旨與叔恕領兵十八人入郡與防郡隊主彊弩將軍郭羅雲直入齋中齋取遐遐踰窗而走環部曲顧憲子手斬之郡中莫敢動道成聞之以告環仲

父沖沖曰環以百口一擲出手得盧矣道成即以環爲吳郡太守宋世吳郡領吳嘉興海鹽鹽官錢唐富陽新城桐廬建德壽昌海虞婁十二縣戶五萬四百八十八口四十二萬四千八百一十二齊高祖建元元年以張岱爲吳郡太守帝知岱歷任清直至郡未幾手勑曰大郡任重乃未欲回換但總戎務殷宜須望實今用卿爲護軍加給事中岱拜竟詔即家爲府時以爲榮安陸昭王緬繼岱爲守政有能名竟陵王子良與之書曰竊承下風數十年來姑蘇未有此政九月詔二吳義興三郡遭水減今年田租二年六月詔昔歲水旱曲赦丹陽二吳義興遭水尤劇之縣明帝建武二年吳郡雨傷稼自是三年四年每秋七八月輒大風發屋折木殺人永泰元年四月帝疾甚防疑大司馬王敬則以光祿大夫張瓌爲平東將軍吳郡太守置兵佐以密防敬則中外傳言當有異處分敬則聞之竊曰東今有誰只是欲平我耳東亦何易可平吾終不受金罌謂鴆也及敬則反率實甲萬人過浙江瓌遣精兵三千拒敬則於松江聞軍鼓聲一時散走瓌棄郡逃民間爲有司

所奏免官削爵東昏侯永元三年吳郡夜天開黄色明照須臾有物絳色如小甕漸大如倉廩聲隆隆如雷墜太湖中野雉皆雊梁武帝天監六年分婁縣置信義郡中大通二年春以吳郡屢遭水災不熟議漕大瀆以瀉浙江詔遣王奕假節發吳吳興信義三郡人丁就役昭明太子上疏請權停帝優詔諭焉太淸三年三月癸未侯景將于子悦等將羸兵數百東略吳郡太守袁君正迎降君正當官涖事有名稱而蓄聚財產服玩靡麗子悦來攻新城戍主戴僧遏勸令拒守土豪陸映公等懼賊脱勝略其貲產乃曰賊軍甚鋭其鋒不可當今若拒之恐民心不從也君正性怯懦乃載米及牛酒郊迎子悦子悦既至破掠吳中多所調發逼掠子女毒虐百姓吳人莫不怨憤於是各立城栅拒守五月景遣中軍侯子鑒入吳軍收子悦誅之以廂公蘇單于爲吳郡太守是時惟吳郡以西晉陵以北爲景號令所行及宋子仙破會稽執送南郡王大連於建康於是三吳盡爲景有矣六月丙午郡人陸緝戴文舉等起兵萬餘人殺蘇單于推前淮南太守文成侯甯爲主以拒

景竟爲暴虐吴人不附宋子仙自錢塘移軍擊之七月壬戌緝等棄城走子仙據之戊辰侯景置吴州於吴郡以安陸王大春爲刺史分海鹽胥浦二縣爲武原郡

簡文帝大寶元年五月己巳文成侯甯起兵於吴西鄉有衆萬人進攻吴郡行吴郡事景將侯子榮擊殺之因縱兵大掠郡境自晉氏渡江三吴最爲富庶貢賦商旅皆出其地及侯景之亂掠金帛既盡乃掠人而食之或賣於北境吴中遺民殆盡矣是年吴州復爲吴郡二年八月乙丑侯景遣使殺南海王大臨於吴郡大臨以安東將軍爲吴郡太守時張彪起義於會稽吴人陸令公等勸大臨走投彪大臨曰彪若成功不資我力如其撓敗以我説焉不可往也至是遇害元帝承聖元年三月侯景兵敗以皮囊盛二子掛之馬鞍後與房世貴等百餘騎東奔欲就謝答仁於吴王僧辯遣侯瑱追之景至晉陵劫太守徐永四月遂入吴郡進次嘉興趙伯超據錢唐拒之景退還吴郡達松江己酉瑱軍掩至景猶有船二百艘衆數千人瑱擊敗之衆皆舉旛乞降景不能制乃與腹心數十人單舸走推墮二子於

水自滬瀆入海至壼豆洲前太子舍人羊鯤殺之送首於王僧辯傳首西臺十二月星隕吳郡敬帝紹泰元年十月陳霸先遣裴忌攻吳郡太守王僧智奔吳興初霸先既誅王僧辯僧辯弟僧智舉兵據吳郡霸先遣黃佗率衆攻之僧智出兵於西昌門拒戰佗與相持不能下霸先謂忌曰三吳奧壤舊稱饒沃雖凶荒之餘猶未殷盛而今賊徒扇聚天下搖心非公無以定之宜善思其策忌乃自錢唐趨吳郡夜至城下鼓譟薄之僧智疑大軍至輕舟奔杜龕於吳興忌入據吳郡霸先表授吳郡太守陳文帝天嘉元年三月以孫瑒爲吳郡太守瑒初仕梁爲巴州刺史武帝受禪王琳立梁永嘉王蕭莊於郢州徵瑒郢爲少府卿仍徙都督郢州刺史周遣大將史甯乘虛攻之瑒兵不滿千人乘城拒守周兵不能克及聞大軍敗王琳乘勝而進周兵乃解瑒於是盡有中流之地遣使奉表歸陳授湘州刺史封定襄縣侯瑒懷不自安固請入朝徵爲散騎中領軍未拜帝謂曰昔朱買臣願爲本郡卿豈有意乎改授吳郡太守給鼓吹一部宣帝太建十三年黃門侍郎顧野王

卒野王少以篤學至性知名在朝無過辭失色觀其容貌似不能言及其勵精力行皆人所不能及方侯景作亂野王丁父憂歸本郡乃召募鄉黨數百人隨義軍援京邑野王體素清羸裁長六尺又居喪過毀殆不勝衣及杖戈被甲陳君臣之義逆順之理抗辭作色見者莫不壯之京城陷野王奔會稽尋往東陽與劉歸義合軍據城拒賊侯景平王僧辯深嘉之使監海鹽縣入陳領史職與同郡陸瓊等並以才學顯著論者推重焉後主貞明元年十一月復置吳州以蕭瓛爲吳州刺史瓛在官甚得物情父老皆曰吾君子也及陳亡吳人推瓛爲主有謝異者頗知廢興梁陳之際言無不驗南人甚敬信之後主被擒異奔於瓛由是益爲衆所歸隋文帝開皇九年二月右衛大將軍宇文述帥行軍總管元契張默言等攻吳州落叢公燕榮亦以舟師自東海來會是時蕭瓛方擁兵固守陳永新侯陳君範自晉陵并瓛奔軍拒述遣其將王褒守吳州自義興入太湖欲掩述後述進破其柵迴兵擊瓛大破之又遣兵別道襲吳州王褒衣道士服棄城走瓛以餘衆保包山

燕榮擊破之蠍將左右數人匿民家爲人所執獻於述所送長安斬之吳地悉平割鹽官隸杭州改吳州曰蘇州以縣西姑蘇山名也十年十一月蘇州人沈元懀反江表自東晉以來刑法疏緩世族淩駕寒門平陳之後牧民者盡更變之蘇威復作五教使民無長幼悉誦之士民嗟怨復訛言隋欲徙之入關元懀及婺州汪文進越州高智慧遂起兵自稱天子署置百官攻陷州縣陳之故境大抵皆反大者有衆數萬小者數千共相影響執縣令或抽其腸或臠其肉食之曰更能使儂誦五教耶詔以楊素爲行軍總管討之素帥舟師自揚子津入擊京口賊帥朱莫問晉陵賊帥顧世興無錫賊帥葉略皆平之時有江南州民顧子元亦起兵應亂與蘇州刺史皇甫績相持八旬子元素感績恩於冬至日遣使奉牛酒績遺子元書曰皇帝握符受籙合極通靈受揖讓於唐虞棄干戈於湯武東踰蟠木方朔所未窮西盡流沙張騫所不至元漢黃龍之外交臂來王蔥嶺榆關之表屈膝請吏曩者僞陳獨阻聲教江東士民困於荼毒皇天輔仁假手朝廷聊申薄伐應時瓦

死而復生吴會臣民白骨還肉惟常懷音感德行歌擊壤豈宜自同吠主翻成反噬卿非吾民何須酒禮吾是隋將何容外交易子析骸未能相告况是足食足兵高城深塹坐待强援綽有餘力何勞踵輕弊之俗作虚僞之辭欲阻誠臣之心徒惑驍雄之志以此見期必不可得卿宜善思活路曉諭黎元能早改迷失道非遠子元得書於城下頓首陳謝會素軍至元愴被擒餘黨悉破素因奏蘇城嘗被圍非設險之地於古城西南横山之東黄山之下新立城郭匠者以櫧木爲城門之柱素見之曰此木恐非堅可閲幾年匠曰可四十年不朽素曰是城不四十年當廢後至唐初果復其舊十八年正月辛丑詔曰吴越之民往承弊俗所在之處私造大船因相聚結致有侵害其後江南諸州民間有船三丈以上悉括入官煬帝大業三年四月壬辰改州爲郡領吴崑山常熟烏程長城五縣户一萬八千三百七十七六年勅穿江南河自京口至餘杭郡八百餘里廣十餘丈使可通龍舟并置驛宫草頓欲東巡會稽是時吴郡獻海錯有鮸魚乾膾海蝦子鮸魚含肚蜜蟹

擁劍鯉鮧鮭及松江鱸魚乾膾之屬作之皆有法時有口味使杜濟善别味縱口腹之欲暴殄生物足以戒也又歲送扶芳菰菜裛太湖白魚種子至唐猶然九年六月乙巳禮部尚書楊元感反七月癸未餘杭人劉元進起兵應之元進手長尺餘臂垂過膝自以相表非常陰有異志會帝再發三吳兵征高麗三吳兵皆相謂曰往歲天下全盛吾輩父兄征高麗者猶大半不返今已罷弊復爲此行吾屬無遺類矣由是多亡命郡縣捕之急聞元進舉兵亡命者雲集將渡江而元感敗八月癸卯吳郡朱燮晉陵管崇復聚衆冠掠江燮本還俗道人涉獵經史頗知兵法形容眇小爲崑山縣博士與數十學生起兵民苦役者赴之如歸崇長大美姿容志氣倜儻隱居常熟自言有王者相故羣盜相與奉之至是共迎元進推以爲主據吳郡稱天子燮崇俱爲尚書僕射署置百官毗陵東陽會稽建安豪傑多執長吏以應之十月帝遣左屯衞大將軍吐萬緒光禄大夫魚俱羅將兵討之元進西屯茅浦以抗官軍頻戰互有勝負緒進屯曲阿元進結柵拒緒緒擊之賊衆大潰

死者萬數元進夜遁保其壘緒乘勝進擊朱變等復破之賊退守黃山緒圍之元進變僅以身免於陳斬崇及其將卒五千餘人收其子女三萬餘口進解會稽圍俱羅與緒偕行戰無不克然百姓從亂者衆賊兵散而復聚緒以士卒疲弊請息甲以待來春帝不悅有司希旨奏緒怯懦俱羅敗衄乃斬俱羅而徵緒還緒憂憤道卒更遣江都丞王世充發淮南兵討之十二年五月癸巳有大流星墜於江都未及地而南逝拂磨竹木皆有聲至吳郡而落於地元進惡之令掘地二丈得一石徑丈餘後數日失石所在方世充之渡江也元進將兵拒戰殺千餘人世充窘急退保延陵柵元進遣兵持茅縱火世充大懼將棄營遁遇反風火轉元進卒衆退世充掩擊大破之頻戰皆捷元進變敗死餘衆或降或散世充召先降者於通元寺瑞像前焚香爲誓約降者不殺散者始欲入海爲盜聞之旬月之間歸首略盡世充貪而無信利其子女貲財悉阬之於黃亭澗死者萬餘人由是餘黨復相聚爲盜官軍不能討吳中恆爲賊陷沈法興李子通輩乘此而起戰爭不息逮於

隋亡

唐高祖武德元年三月吳興太守沈法興聞宇文化及弒逆舉兵以討化及爲名比至烏程得精卒六萬攻餘杭毗陵丹陽皆下之據江表十餘郡自稱江南道大總管承制置百官二年八月法興自稱梁王都毗陵改元延康法興性殘忍專尚威刑將士小有過即斬之由是其下離怨時杜伏威據歷陽陳稜據江都李子通據海陵俱有窺江表之心九月辛未子通攻陳稜取江都稱帝國號吳改元明政三年子通渡江攻法興取京口法興棄毗陵奔吳郡於是丹陽毗陵等郡皆降於子通杜伏威遣行臺左僕射輔公祏攻子通子通敗走棄江都保京口江西之地盡屬於伏威伏威徙居丹陽子通復東走太湖收合亡散得二萬人襲法興於吳郡大破之法興率數百人棄城走吳郡賊帥聞人遂安遣其將葉孝辨迎之法興中途而悔欲殺孝辨更向會稽孝辨覺之法興窘迫赴江死子通軍勢復振徙都餘杭盡收法興之地北自太湖南至嶺東包會稽西距宣城皆有之四年十一月

伏威使其將王雄誕擊子通降聞人遂安據崑山無所屬伏威使雄誕擊之雄誕以崑山險隘以力勝乃單騎造其城下陳國威靈示以禍福遂安感悅出降於是伏威盡有江東之地五年七月丁亥伏威入朝六年六月壬子輔公祏反稱帝於丹陽國號宋修陳故宮室而居之江南郡復陷七年三月戊戌趙郡王孝恭克丹陽公祏棄城東走句容宿常州至武康被執分捕餘黨悉誅之是歲置蘇州都督督蘇湖杭暨四州移新郭後舊城升爲望分吳縣置嘉興八年廢嘉興入吳縣九年罷蘇州都督太宗貞觀元年二月分天下爲十道初隋末喪亂豪桀並起擁衆據地自相雄長唐興相率來歸高祖爲割置州縣以寵祿之由是州縣之數倍於開皇大業之間帝以民少吏多思革其弊命大加併省因山川形便以分十道蘇州領吳嘉興崑山常熟四縣戶一萬一千八百五十九口五萬四千四百七十一十二年旱高宗永隆元年十月壬寅蘇州刺史曹王明坐故太子賢黨降封零陵郡王黔州安置王太宗十四子在州不循法度長史孔禎恒進諫王曰寡人天

子之弟豈失於王哉禎曰恩義不可恃大王不奉行國命恐今之榮位非大王所保獨不見淮南之事乎王左右有侵暴下人禎捕而杖殺之至是王果坐法謂人曰吾愧不用孔長史言以及於此武后垂拱四年六月江南道巡撫大使狄仁傑以吳楚多淫祠奏焚其一千七百餘獨留夏禹吳泰伯季札伍員四祠萬歲通天元年分吳縣置長州在郭下分治州界大足元年七月乙亥地震睿宗景雲二年初置十道按察使分嘉興縣置海鹽海鹽本漢縣久廢至是復置元宗先天元年廢海鹽縣開元五年復置治吳禦城十四年秋大水漂壞廬舍二十一年分天下爲十五道各置采訪使以六條檢察非法擇賢刺史領之蘇州屬江南東道二十七年定聖賢封號贈言子游爲吳侯天寶元年詔更天下州爲郡刺史曰太守以蘇州爲吳郡領吳嘉興崑山常熟海鹽五縣戶七萬六千四百二十一口六十三萬二千六百五十五吳郡歲貢絲葛十疋白石脂三十斤蛇牀子三個鯔魚三十頭鮍魚腊五十頭壓胞七斤肚魚五十頭春子五升嫩藕三百段按唐世蘇州土貢通典與新唐地理志不

同吳郡圖經續記所載亦有溢出汪氏錄廣陵土貢從通典之文編入天寶年後今悉本其例　肅宗乾元元年仍改吳郡爲蘇州十二月甲辰以昇州刺史韋黃裳爲蘇州刺史浙西節度使是時初置浙江西道節度兼江甯軍使領昇潤宣歙饒江蘇常杭湖十州治昇州尋徙蘇州二年廢浙江西道節度使置觀察處置都團練守捉及本道營田使更領丹陽軍使治蘇州復領宣歙饒三州上元元年十一月劉展將張景超據蘇州展初爲宋州刺史與御史中丞李銑皆領淮西節度副使銑既誅展倔僵不受命節度使王仲昇遣監軍使邢延恩入奏請除之延恩因言展方握彊兵宜以計去之請除展江淮都統代李峘俟釋兵赴鎮中道執之此一夫力也帝從之密勅舊都統李峘及淮南東道節度使鄧景山圖之展聞命乃悉舉宋州兵七千趣廣陵延恩知展已得其情還奔廣陵與峘景山發兵拒之移檄州縣言展反展亦移檄言峘反州縣莫知所從既與展軍戰大潰景山奔壽州峘奔宣城方峘之去潤州也副使李藏用說峘曰處人尊位食人重祿臨難而逃之非忠也以數十州之兵食三江五湖之險固不發一矢

而棄之非勇也失忠與勇何以事君晅乃悉以事委藏用藏用收散卒得七百人東至蘇州募壯士得二千人立栅以拒與展將張景超等戰於郁墅兵敗奔杭州景超遂據蘇州以其將楊持璧爲蘇州刺史二年正月丁未田神功將兵擊展斬之展將王晅引兵東走至常熟乃降景超逃入海餘黨悉平代宗大歷七年八月丙子以李栖筠爲御史大夫方栖筠爲常州刺史蘇州豪士方清因歲凶誘流殍爲盜移數萬依黟歙間阻山自防東南厭苦李光弼分兵討平之會平盧行軍司馬許杲恃功擅留上元有窺江吳意朝廷以創殘重起兵即拜栖筠蘇州刺史兼御史中丞浙西都團練觀察使圖之栖筠至張設武備遣辯士厚齎金帛抵杲軍賞勞使士歆愛奪其謀杲懼悉衆渡江掠楚泗而潰則又增學盧表宿儒河南褚冲吳何員等超拜學官爲之師身執經問義遠邇趨慕至徒數百人又奏部中豪姓多徙貫京兆河南規脫徭科請量產出賦以杜奸謀詔可時元載當國恣横帝厭之思得剛鯁大臣爲心腹至是內出制書拜栖筠官宰相不知載由此稍絀九

年王綱以大理司直爲崑山令政務化民始作學舍置博士弟子員民興於學有不被儒服而行者莫不恥焉十年七月己未蘇杭湖越等州大風海水翻潮飄蕩州郭德宗貞元二年韋應物自左司郎中爲蘇州刺史應物性高潔鮮食寡欲所在焚香掃地而坐在郡最久民賴以安又能賓儒士招隱獨顧況劉長卿輩類見旌引與之酬唱時人賢而慕之天下號曰韋蘇州六年夏大旱井泉竭人多暍疫死者甚衆七年火八年于頔爲蘇刺史繕完隄防疏鑿畎澮列樹以表道決水以溉田同時有滕遂爲長洲令攝吳縣百姓歌曰朝判長洲暮判吳道不拾遺人不孤人謂有漢叔輔之遺風憲宗元和二年十月鎮海軍節度使李錡反先是遣腹心五人爲所部五州鎭將姚志安處蘇州李深處常州趙惟忠處湖州邱自昌處杭州高肅處睦州各有兵數千伺察刺史動靜刺史至斂手無敢與敵至是錡各使殺其刺史常州刺史顏防用其客李雲計矯制稱詔討副使斬李深傳檄蘇杭湖睦請同進討湖州刺史辛秘潛募鄉閭子弟數百夜襲趙惟忠營斬之蘇州刺

史李素至任甫十二日將左右與賊戰州門不勝賊呼入素端立責以義皆斂兵立不逼錡命械致軍將斬以徇具桎梏釘於船舷未及京口會錡敗得免三年秋旱素因請於浙西觀察使韓臯開常熟塘自齊門北抵常熟長九十里更名元和塘劉允文爲之記曰吳之藪曰具區郡之大惟蘇州爲貨居農實邦本錫貢多品厥田上中上宜在民地利乎水常熟塘案圖經云南北之路自城而遥百有餘里旁引湖水下通江潮支連派分近委遐輸左右惟强家大族疇接壤制動涉千頃年登萬箱豈伊沿泝之功實由灌溉之利故名常熟歲無眚焉洎貞元年來時屬大旱由是塡淤薦爲塗泥而淪胥怨咨殖物痛矣郡守李公乃計工量日候隟庀徒爲利涉之宜蔽反壞之害詢蓄洩之勢增遠近之防人不告勞事爲永逸先期而望表繩直不日而終朝子來塘開地中工畢泉出山澤作氣江湖發源積爲長流實自新浙舟楫鱗集農商景從春秋有施水旱斯備非體仁宏多應用高朗曷以越前所未暇迨今而行其志哉案記事文字本難多采以唐世言吳中水利者此爲最先文所引圖經尤爲近古故節錄其文以資考覽素在

蘇三年州民稱治四年十一月旱五年蘇州刺史王仲舒隄松江爲路時松陵鎮南北西俱水鄉抵郡無陸路至是始通建橋其上鬻所東寶帶以助公費因名之曰寶帶橋十二年六月水害稼是時李吉甫纂元和郡縣志成蘇州編戶十萬八百八穆宗長慶元年四月有大星墜於吳聲如飛羽二年七月以御史中丞李德裕爲蘇州刺史初南方信禨祥雖父母癘疾子棄不敢養德裕擇長老可語者諭以孝慈大倫患難相收不可棄之義使歸相曉勑違者顯寘之法數年惡俗大變毀淫祠撤私邑山房千四百舍寇無所廋敝有詔褒焉四年夏水太湖溢敬宗寶歷元年六月乙巳水壞太湖隄入城郭漂民廬舍十一月戊申水傷稼時李德裕爲浙西觀察使獻丹扆六箴有詔浙西上脂盝妝具德裕奏比年物力未完今所須脂盝妝具度用銀二萬三千兩金百三十兩物非土產雖力營索尙恐不逮願宰相議何以俾臣不違詔旨軍輿不疲人不歛怨則前勑後詔咸可遵承又詔索盤縧繚綾千疋復奏言盤縧文采怪麗惟乘輿當御今廣用千疋臣所未喻優詔

爲停自元和後禁無私度僧徐州王智興紿言天子誕月請築壇度人以資福德裕玅智興募願度者人輸錢二千不復勘詰普加髡落自淮南而右戶三丁男必一男剔髮規影徭賦所度無算臣閱渡江者日數百蘇常齊民十固八九若不加禁遏則前至誕月江淮失丁男六十萬不爲細變有詔禁止是年白居易以太子左庶子分司東都復拜蘇州刺史按本傳不載任蘇年月據年譜在寶歷元年月日無考故附此年之末沈作喆韋應物補傳曰白居易自中書舍人出守吳門應物罷郡寓於郡之永定佛寺考寶歷之距貞元巳四十年香山吳郡詩石記專爲劉應物郡齋讌集詩而作記中言十四五時旅蘇杭二郡以幼賤不得與游讌其慕韋公甚至豈有韋公尙寓蘇州竟不相聞問耶世稱韋白特以其志趣相合非必果屬同時也唐書於兩公任蘇均不詳記恐世代易滋乖午特附訂其譌於此居易高行美才在官勤瘁見於題詠嘗作虎邱路免於病涉兼障流潦未幾以病求去劉禹錫贈以詩云姑蘇十萬戶皆作嬰兒啼蓋其實也禹錫後亦爲蘇州刺史以政最賜金紫服文宗太和四年夏蘇湖二州水壞六隄入郡郭溺廬井五年六月辛卯水傷稼六年二月大水地震生白毛七年十月辛酉水害稼開成三年水溢入城僖宗乾符二年四月浙西狼山鎮遏使王郢反郢等六十九人皆有戰功節度使趙隱賞以職名而不給衣

糧郢等論訴不獲遂刼庫兵作亂行收黨衆近萬人攻陷蘇常乘舟往來泛江入海轉掠二浙南及福建大爲人患四年正月以右龍武大將軍宋皓爲江南諸道招討使率兵平之方郢之亂市邑廢毀至是刺史張摶乃重修羅城南北長十二里東西九里中和二年二月馬生角鎭海軍節度使周寶以其壻楊茂實爲蘇州刺史重斂人不聊田令孜以趙載代之茂實不受命寶表留不聽乃殘郛署汙垣扈去詔以王蘊代之茂實在蘇州溺於妖巫作火妖神廟於子城之南隅祭以牲牢外用炭百餘斤燃於廟庭自是吳中兵火洊作光啟二年正月辛巳鎭海牙將張郁作亂初周寶差郁押兵士三百人戍於海次因正旦酗酒殺使府安慰軍將度不免遂作亂王蘊謂州兵還休不設備郁遂大掠蘊嬰城守寶遣將拓跋從領兵討之郁自常熟取江陰入常州刺史劉革降衆稍集又遣丁從實攻之郁走海陵十月感化牙將馮宏鐸張雄得罪於節度使時溥聚衆三百走渡江襲蘇州據之自稱刺史稍聚兵至五萬戰艦千餘自號天成軍周寶開高駢將徐約兵銳甚

誘之使擊雄三年四月甲辰約入蘇州雄帥其衆逃入海以約爲蘇州刺史陰與

董昌約至蘇未逾年建九江王廟殿堂屋壁塑神龍蛟螭繪畫雲雷波濤之狀蘇

州連大水民幾不粒食者三載

僖宗文德元年九月杭州刺史錢鏐遣從弟銶將兵攻徐約於蘇州昭宗龍紀元年三月丙申錢銶拔蘇州約初聞銶兵至驅州人守城壘鑱其耏曰廟戰南都從事或曰都者國稱杭終有國乎後約浸窘與其下哭而別入海中箭死鏐以海昌都將沈粲權知蘇州事十月唐以給事中杜孺休爲蘇州刺史以知州事沈粲爲制置指揮使大順元年七月楊行密將李友陷蘇州鏐密使沈粲害孺休方孺休之見攻也曰勿殺我當與爾金粲曰殺爾金焉往遂與兄延休同遇害鏐欲歸罪於粲而殺之粲奔孫儒九月楊行密以其將張行周爲常州制置使閏月孫儒遣劉建鋒攻拔常州殺行周遂圍蘇州十二月孫儒拔蘇州殺李友使沈粲守蘇州二年八月儒自蘇州出屯廣德十二月儒焚掠蘇常引兵逼宣州鏐復遣師蘇州景福元年二月鏐以銶爲蘇州招緝使乾寧元年二月鏐以成及權蘇州刺史二年二月威勝軍節度使董昌反四月辛卯蘇州雨雪六月詔以鏐爲浙江東道招

討使彭城郡王起兵討董昌八月董昌求救於楊行密九月行密遣將臺濛等圍蘇州以應昌十月淮南將柯厚破蘇州水栅三年四月淮南兵與鎮海兵戰於皇天蕩鎮海兵不利行密遂圍蘇州癸未蘇州常熟鎮使陸郢以州城應行密虜刺史成衍及行密閱及家所蓄惟圖書葯物賢之歸署行軍司馬及拜且泣曰及百口在錢公所失蘇州不能死敢求富貴願以一身易百口之死引佩刀欲自刺行密遽執其手止之館於府舍其室中亦有兵仗法行密每單衣詣之與之共飲膳無所疑厚為禮而歸之鏐迎勞郊外把袂而泣時以蘇州陷急召顧全武議將分兵西陵以備北寇全武上言曰賊之根本繫於甌越豈以失一姑蘇遂逭天討願先拔越城然後復茂苑未遲鏐從之乙未克越州己丑斬董昌四年六月鏐如越州受鎮東節鉞七月命顧全武率師復蘇州乙未拔松江戊戌拔無錫辛丑拔常熟華亭八月屯崑山十月行密以臺濛守蘇州五年正月鏐命師救蘇州生擒淮南將李近思斬首一千餘級殺其將梁琮等淮南將李簡復以五千餘人屯無錫

攻敗之獲其偏將陳益等而還三月淮南將周本救蘇州顧全武禦之九月全武攻蘇州城中及援兵食皆盡甲中臺濛李德誠等棄城走援兵亦遁全武克蘇州追敗周本等於望亭獨秦裴以兵三千戍崑山相持不下全武帥萬餘人攻之裴屢出戰使病者被甲執矛壯者彀弓弩全武每爲之卻全武嘗髡髮爲沙門軍中皆諱言僧至是檄裴令降裴果封函納款全武喜召諸將發函乃佛經一卷全武大慙曰裴不憂死何暇戲予益兵攻城引水灌之城壞食盡裴乃降鏐設千人饌以待之乃出羸兵不滿百人鏐怒曰單弱如此何敢久爲旅拒對曰裴義不負楊公今力屈而降耳非心降也鏐善其言顧全武亦勸宥之時人稱全武長者全武甚有識度卒能佐鏐保據一方蘇州之克皆其功也梁太祖開平二年九月淮南將周本呂師造攻蘇州推洞屋攻城吳越將孫琰置輪於竿首垂絙投錐以揭之攻者盡露礮至則張網以拒之淮南人不能克吳越王鏐遣牙內指揮使錢鏢行軍副使杜建徽等將兵殺之蘇州有水通城中淮南張網綴鈴懸水中魚鼈過皆

知之吳越游弈都虞侯司馬福欲潛行入城故以竿觸網敵聞鈴聲舉網福因得過凡居水中三日乃得入城由是城中號令與援兵相應敵以爲神初吳越王鏐嘗游府園見園卒陸仁章樹藝有智而志之及蘇州被圍使仁章通信入城果得報而返鏐以諸孫蓄之累遷兩府軍糧都監使卒獲其用辛亥吳越兵內外合擊淮南兵大破之擒其將何朗等三千餘人獲兵甲生口三十萬奪戰艦二百餘艘周本呂師造夜遁又追敗之於皇天蕩鍾泰章將精兵二百爲殿多旗幟於菰蔣中追兵不敢進而還是歲吳越王以中原喪亂改元天寶私行境中既而復通中國或諱而不稱三年五月王親巡蘇州閏八月梁從王請勅於松江置縣曰吳江屬蘇州乾化二年改蘇州虎嘐曰滸墅避王嫌名也三年十月王以子傳璙權蘇州刺史龍德二年修蘇州城以磚甃之高二丈四尺厚二丈五尺內外有濠末帝貞明元年十一月置都水營田使以主水事募卒號撩淺軍亦謂之撩清命於太湖旁置卒四郡凡七八千人常爲田事治河築隄一路徑下吳淞江一路自急水

港下澱山湖入海居民旱則運水種田澇則引水出田立法甚備三年吳王楊隆演以前舒州刺史陳璋將兵侵蘇湖五年七月吳越王遣子傳瓘將兵攻常州吳徐温來拒命陳璋以水軍下海門出吳越兵後壬申戰於無錫指揮使何逢吳建死焉遂班師徐知誥請帥步卒二千易吳越旗幟鎧仗躡敗卒而東襲取蘇州温曰爾策固善然吾且求息兵未暇如汝言也諸將皆以爲吳越所恃者舟楫今大旱水道涸此天亡之時也宜盡步騎之勢一舉滅之温歎曰天下離亂久矣民困已甚錢公亦未易可輕若連兵不解方爲諸君之憂今戰勝以懼之戢兵以懷之使兩地之民各安其業君臣高枕豈不樂哉多殺何爲八月吳歸無錫之俘來請通好吳越王納之自是休兵二十餘年唐莊宗同光二年十一月陞蘇州爲中吳軍領常潤等州唐授王子傳璙鎮東節度撿校太保兼中書令大彭郡侯充中吳軍節度使是歲吳越改元寶大三年十月鎮海鎮東留後王子傳瓘中吳軍節度使王子傳璙各貢唐錦綺千件及九經書史四百二十三卷又貢佛頭螺子青一

山螺子青十婆薩石蟹子四空青四明宗天成元年中吳軍大水水中生米大如豆民取食之是歲吳越改元寶正長興三年三月庚戌吳越王鏐薨謚曰武肅遺命去國儀用藩鎮法除民田荒絕者租稅子傳瓘嗣位更名元瓘兄弟名傳者皆更爲元四年七月王兄元璙自蘇州入見王置宴宮中用家人禮王起酌酒爲壽曰先王之位兄宜當之俾小子至是實兄推戴之力元璙俯伏曰王功德高茂先王擇賢而立敢忘恭順因相顧感泣酣樂而罷晉高祖天福三年十二月王兄元璙請析嘉興縣之西鄙義和鎮爲崇德縣五年三月復奏以嘉興縣置秀州嘉興海鹽華亭崇德四縣屬焉於是蘇州領吳長洲崑山常熟吳江五縣是歲蘇州大水六年八月辛亥文穆王元瓘薨子忠獻王宏佐嗣位問倉吏今畜積幾何對曰十年王曰然則軍食足矣可以寬吾民乃令復其境內稅三年七年三月乙丑中吳建武等軍節度使元璙卒晉勅青廣陵郡王不及受命宣旨於柩前葬以王禮謚曰宣義子文奉嗣元璙性儉約而恭靖在蘇州三十年保全屏蔽厥功甚偉海

虞二十四浦潮汐二至挾沙以入淤塞支港元璙遣開江營將梅世忠爲都水使每港募兵丁設牐港口按時啟閉以備旱澇更虞海濱多警特創水寨軍授李開山爲水寨將軍屯兵於滸浦墹身召民開市民稱利便齊王開運四年六月乙卯王宏佐薨弟忠遜王宏倧嗣位尋爲胡進思所廢以王弟忠懿王宏俶嗣位宏俶後以名犯宋宣祖偏諱去宏以俶單行漢隱帝乾祐二年吳越置營田卒數千人以淞江闢土而耕周世宗顯德三年三月吳越命知中吳軍節度事文奉爲水陸應援諸軍都統使屯於本州備徵發宋太祖開寶元年六月戊午蘇州長洲縣民王安妻一產三子二年八月中吳軍節度使文奉卒文奉繼元璙後治吳亦三十年於郡中建南園東莊爲吳中之勝奇卉異木及其身見皆已合抱累土爲山並成巖谷延接賓旅任其所適自號曰知常子一時名士多依之八年十二月改中吳軍爲平江軍以孫承祐爲節度使太宗太平興國三年三月吳越王俶入朝五月表請以所部十三州一軍八十六縣戶五十五萬六百八十兵一十一萬五千

三十六𤀹獻於宋帝嘉納之丁亥改封王爲淮海國王吳越凡三世五王總九十

八年

宋收吳越版圖以平江軍爲蘇州屬兩浙轉運使治焉是時戶主二萬七千八百入十九客七千三百六詔以禁兵千人命閻象安撫遂知蘇州象在蘇有善政恩涵澤濡民賴以安（案此節當系太宗太平興國三年以前卷已書錢俶納土編年不宜複見故變其例）湻化二年虎夜入福山砦食卒四人四年知蘇州宋璫卒初三吳歲饑疾病民多死擇長吏養治之璫體豐碩素病足至州地卑溼疾益甚或勸其謝疾北歸璫曰天子以民病俾我綏撫我以身病而辭焉非臣子之義也既而太白犯南斗璫曰斗爲吳分民方饑天象如此長吏得無咎乎至是卒帝甚嗟悼眞宗咸平元年蘇州廨後園禾生合穗大中祥符二年蘇州戶六萬六千一百三十九四年九月蘇州吳江水災汎溢壞民廬舍是歲詔免諸路在僞國日所出丁身錢並特除放由是蘇民無計口算緡之事蒙澤最厚五年兩浙轉運使徐奭奏置開江營兵一千二百人專修吳江塘路南至嘉興一百餘里天禧二年令江淮發運副使張綸同知蘇州孫冕疏崑山常熟諸湖

港浦導太湖水入海復歲租六十萬斛乾興元年水無禾田生聖米居民取以食詔以蘇湖秀三州積水害稼發鄰郡兵疏導壅閼命發運使董之仁宗天聖元年八月以蘇州大水壞太湖内塘又海旁支渠堙塞廢民耕田詔轉運使徐奭江淮發運使趙賀等相度自市涇以北赤門以南築石隄九十里起橋十有八濬積潦自吴江東赴海復良田數十萬畝疏隱田者二萬六千戸得苗三十萬二年四月塘成遷奭兩浙轉運使封晉陵侯致仕遂家吴中景祐元年知蘇州范仲淹上書宰相議濬白茆等浦疏導諸水方帝即位初賜兗州學田已而又命藩輔皆得立學其後諸旁郡多願立學者詔悉可之由是學校之設徧天下仲淹以鄉人典郡因朱公綽等請聞於朝二年詔蘇州立學仍給田五頃仲淹初購錢氏南園地欲以卜宅比得請割以創爲時學者纔逾二十人或言其太廣仲淹曰吾恐異日以爲小也於是延安定先生胡瑗以爲師瑗教授蘇湖間二十餘年束脩弟子以數千計登科名者甚衆是時方尚詞賦獨瑗以經義及時務學爲重有經義齋治事

齋擇疏通有器局者居之治事齋者人各治一事又兼一事如邊防水利之類科條纖悉備具以身先之雖盛暑必公服坐堂上嚴師弟子之禮視諸生如其子弟諸生亦信愛如其父兄吳中文教蒸蒸日上如滕甫范純仁錢藻輩皆知名當世慶曆二年蘇州通判李禹卿以松江風濤漕運多敗官舟遂築大隄界於松江太湖之間橫截五六十里皇祐四年五月資政殿學士汝南公范仲淹卒贈兵部尚書謚文正初仲淹病帝遣使賜藥存問既卒嗟悼久之又遣使就問其家帝親書其碑曰褒賢之碑仲淹人物爲宋世第一其學以忠孝爲本其志則先天下之憂而憂後天下之樂而樂粹然儒者蓋無愧焉方仲淹始貴顯置義宅於里中使其族屬世世居焉又買常稔田千畝號曰義田以濟養羣族日有食歲有衣嫁娶凶葬皆有贍擇族之長而賢者主其計以時出納族之聚者九十口歲入給稻八百斛以其所入給其所聚屏而家居俟代者與焉仕而之官者罷其給子孫世守弗替里人之富而好善者多取以爲法由是義莊之制被乎天下至和二年崑山主

簿邱與權議築崑山塘自婁門至崑山縣治凡七十里舊連湖瀼皆積水無陸途至道間知蘇州陳省華始議築塘其後屢謀未就至是與權陳五利一曰便舟楫二曰闢田疇三曰復租賦四曰止盜賊五曰禁姦商長吏踰之十月甲午興役旬有九日而畢工更塘名曰至和以識年號建亭其上曰乙未以紀歲功嘉祐四年招置蘇州開江兵士立吳江崑山常熟城下四指揮五年七月水轉運使王純臣建議請令蘇湖常秀四州並築田塍位位相接以禦風濤令縣官教誘殖利之戶自作塍岸定其勸課爲殿最當時多見施行八年轉運使奏常州望亭堰牐廢撤兵士隸蘇州開江指揮於崑山縣置營興修至和塘岸神宗熙甯元年命雍元直自昭文編校治浙西河渠二年頒農田水利約束三年崑山縣人郟亶自廣東安撫司機宜文字上言蘇州水利有六失六得其疏累數萬言極陳利病朝議以爲可除亶司農寺丞提舉興修亶至蘇興役凡六郡三十四縣比戶調夫同日舉役轉運提刑皆受約束民以爲擾多逃移會呂惠卿被召言其措置乖方六年正月

遂罷役亶追司農寺丞送吏部流內銓亶旣沒其子僑又嗣緝其說因歲事亦有所建明七年旱太湖水涸是年以蘇州屬浙西路蘇州商稅五務歲額五萬貫以上酒課七務歲額二十萬貫以上自十年以後逐有增益元豐元年七月四日夜大風雨潮高二丈餘漂蕩尹山至吳江塘岸洗滌橋梁沙土皆盡惟石僅存崑山張浦沙保有六百戶悉漂盡惟餘五戶空屋人亦不存三年蘇州戶十九萬九千八百九十二丁三十七萬九千四百八十七是時最稱殷盛歲輸帛八萬疋纊二萬五千兩苗三十四萬九千斛輸錢免役者八萬五千緡有奇又有鹽稅榷酤之利蓋自昔所未有也顧民安饒富崇棟宇豐庖廚嫁娶喪葬奢厚逾度捐財無益之地蹶產不急之務此固習使然是年詔賜米三萬石開蘇州至杭州運河淺澱處四年七月太湖溢自吳江至平望民居盡壞死者萬餘人時章岵自兩浙轉運使移知蘇州岵少與兄岷峴侍親居郡中名譽藉甚岷嘗爲平江軍節度推官知州盛度黃宗旦多以事委之度俾閱經史凡言吳事者錄爲一書書成藏盛氏人

不得見咸以爲惜岵任蘇政聲流聞會任滿詔曰吏不數易然後得以究其材今夫蘇劇郡也而爾爲之守克有能稱嘉省厥勞仍其舊服往惟率職不懈以稱吾久任之意哉可令再任七年九月朱長文撰吳郡圖經續記成上之岵自爲序曰吳爲古郡其圖志相傳固久自大中祥符中詔修圖經每州命官編輯而上其詳略蓋系乎其人而諸公刊修者立類例据錄而刪撮之也夫舉天下之經而修定之其文不得不簡故陳迹異聞難於具載由祥符至今逾七十年矣其間近事未有紀述也元豐初臨淄晏公出守是邦嘗語長文曰吳中遺事與古今文章湮落不收今欲綴輯而吾所善練定以謂惟子能爲之也長文自念屏迹陋巷未嘗出庭戶於訪求爲艱而練君道晏公意屢見趣勉於是參考載籍探摭舊聞作圖經續記三卷凡圖經已備者不錄素所未知則闕如也會晏公罷郡乃藏於家今太守武甯章公謂長文曰聞子嘗爲圖經續記矣余願觀焉於是稍加潤飾繕寫以獻賓諸郡府用備諮閱固可以質凝滯根利病資議論不爲虛語也長文公綽子

少第進士以病足不就吏爲本州教授用經術造士築室郡中岵表之曰樂圃鄉人稱爲樂圃先生哲宗元祐三年翰林學士蘇軾奏宜興人單鍔水利書事不果行六年知杭州林希轉言太湖積水爲蘇州大患乞委監司相度開決庶民田可耕流移復業有詔遣左朝奉郎邵光與本路監司導決諸河是年蘇軾知杭州上言二年浙西諸郡災傷今歲大水蘇湖常三州水通爲一杭州死者五十餘萬蘇州三十萬未數他郡今既秋田不種正使來歲豐稔亦須七月方見新穀變故未易度量乞令轉運使約度諸郡合糴米斛數目下諸路封樁及年計上供赴浙西諸群糶賣詔賜米百萬斛錢二十餘萬緡振濟災傷紹聖元年秋海風壞民田二年自夏迄秋地震元符二年冬水三年詔蘇湖秀州凡開治運河浦港溝瀆修疊隄岸開置斗門水堰等許役開江兵卒徽宗崇寧元年三月命童貫製御器於蘇杭貫於二州置局造竹器曲盡其巧牙角犀玉金銀竹籐裝畫糊抹雕刻織繡諸色匠日役數千而材物所需悉科於民民力大困是年蘇州戶一十五萬二千八

百二十一口四十四萬八千三百一十二詔置提舉淮浙澳牐司於蘇州四年十一月命朱勔領蘇杭應奉局及花石綱初勔與父冲俱給蔡京所京竄其父子名姓於童貫軍籍中皆得官帝頗垂意花石京諷冲密取浙中珍異以進帝頗嘉之後歲歲增益舳艫相銜於淮汴號花石綱乃以勔總領其事勔至搜巖剔藪幽隱不遺凡士庶之家一石一木稍堪玩者即領健卒直入其家用黃封表識使護視之微不謹即被以大不恭罪及發行必徹屋抉牆以出進之京師以餙艮嶽人不幸有一物小異共指爲不祥惟恐芟夷之不速民預是役者中家破產或鬻賣子女以供其需斸山輦石程督慘刻雖在江湖不測之淵百計取之必得乃止篙工舵師倚勢貪橫淩轢官吏道路側目勔進節度使子弟並竊官爵閽夫畦子能精種植及疊石爲山者釋擔即紆金紫肆行譁擾民不能堪大觀元年十月辛酉地震是年水從中書舍人許光凝請命本路監司檢松江古跡導積水入海并相度圩岸政和三年四月蘇州火延燒公私屋一百七十餘間是年陞平江軍爲府領

吳長洲崑山常熟吳江五縣五年八月水六年四月詔曰聞平江三十六浦自昔置牐隨潮啓閉歲久湮塞積水爲患其令守臣莊徽專委戶曹趙霖講究利害導歸江海依舊置牐三十六浦者崑山十有二掘浦下張浦七了浦茜涇浦楊林浦六鶴浦顧涇浦川沙浦五岳浦蔡浦琅巷浦常熟二十四許浦白茆浦福山浦黃泗浦奚浦西陳浦東陳浦水門塘崔浦耿涇浦魚磾浦鄔溝浦瓦浦塘浦高浦金涇浦石撞浦陸河浦北浦甘草浦千步涇司馬涇金涇錢涇黃鶯灃也八月詔霖相度役興而兩浙擾甚詔罷役重和元年詔兩浙霖雨復以趙霖提舉常平措置水利八月詔加直秘閣宣和元年正月霖役夫興工修華亭縣之靑龍江江陰縣之黃田港及茜涇浦掘浦崔浦黃泗浦等處三月坐增修水利不當降兩官六月詔霖興修水利已見成績進直徽猷閣仍復所降兩官十月四日御筆訪聞平江府常熟縣常湖秀州華亭泖並可爲田仰趙霖相度措置召租限一季了當具便民利害圖籍歲入以聞霖又應詔修治支錢四十餘萬貫出自度牒官誥坊場市

易抵當等名色凡十九種提舉水利農田所奏浙西平江諸州積水減退欲委官分詣鄉村撿視露出田土惟人戶見業已納省稅不括外其餘逃田天荒草田葑茭蕩及湖濼退灘沙塗等地悉標記置籍召人請射種植視鄉例拘納租課椿充御前錢物專一應奉御前支用置局提舉如造謗惑衆沮害之人罪徒從之二年十月睦州人方臘作亂時蘇杭困於朱勔花石之擾比屋嗟歎太學生鄧肅進詩諷諫帝不聽放肅歸田里（洵右）益橫臘有漆園造作局爲（勔古）酷取怨而未敢發至是假誅勔爲名以左道惑衆爲亂命童貫討平三年正月詔罷花石綱欽宗靖康元年勔伏誅

高宗建炎元年詔於平江崑山縣江灣浦量收海船稅應官司回易諸軍收買物色依條收稅三年二月金人陷揚州帝南渡至平江府時郡中富民私或遁去然市井貿易如故帝至府治始去介胄易黃袍儀衛稍增詔諭百姓駐駕三日乃起遂幸臨安府命朱勝非節制平江秀州軍馬張浚副之以兵八千守吳江留王淵守平江三月以朱勝非爲尙書右僕射兼中書侍郎命張浚駐平江會扈從統制苗傅劉正彥作亂刼帝傳位於皇子旉改元明受赦書至平江張浚命守臣湯東野秘不宣既而得苗傅等所傳檄慟哭召東野及提刑趙哲謀共討之時傳令張浚以三百人赴秦鳳而以餘兵屬他將俊知其僞拒不受即引所部八千人至平江浚見俊語故相持而泣且諭以將起兵問罪時敕至江甯呂頤浩曰是必有兵變即寓書於浚浚以頤浩有威望能斷大事乃答書約其起兵且告劉光世於鎭江令以兵來會頤浩得書上疏請復辟遂以兵發江甯韓世忠自鹽城由海道將

赴行在至常熟俊聞之曰世忠來事濟矣因白浚以書招之世忠至平江見浚慟哭曰今日之事世忠願與張浚任之公無憂也浚因大犒俊世忠將士令世忠帥兵赴闕既而頤浩光世兵並至浚與之俱發平江上疏乞帝還即尊位苗劉大懼帥百官朝於睿聖宮四月帝復位以浚知樞密院事九月詔以周望爲淮浙宣撫使守平江陳思恭巨師古張浚魯玨李貴等悉隸節制望遣諸將各部所隸兵分護境內時河內降賊郭仲威領萬衆自通州屯虎邱山未幾聞建康失守杜充奔儀眞帝幸明州於是平江大震望與郡守集耆艾士夫問計且曰今戰守皆已無策矣蓋其意在迎降而欲衆發其端士民不答望歛諸將兵歸城中慮其抗賊而取怒也而金人乃自建康經廣德湖州南過安吉十二月遂趨臨安渡錢塘降越州犯四明以窺行在望自謂虜不敢犯境而過始少安且倚郭仲威爲腹心張俊魯玨居城中巨師古控扼吳江李閻羅屯常熟陳思恭屯楞伽山兵無紀律村落間皆被其害而仲威既居城府外爲忠勇之論士民亦倚以重郊居之家往往復

入城中謂四圍渠塹深廣庫廩充牣兵器犀利人人安之傳者多云賊州返建業或又謂自臨道宣欲趨當塗而歸望等素不嚴斥堠四境無備四年正月方遣張俊陳思恭等統兵規入臨安以邀收復之功俊等行涉旬間道潛軍於湖州烏墩鎮以觀變二月十八日始馳報金人犯秀州崇德十九日徵鄉兵發太湖洞庭東西山船千艘命角頭巡檢楊舉總之抵吳江陣於簡村二十一日金人犯吳江巨師古兵不戰而潰更以太湖民舟爲向導歸於西山二十二日郭仲威遣兵拒守於尹山已而退師二十三日府中令民逐便出城留少壯者登埤以守是日金人游騎掠城東郭仲威兵未戰而返守臣湯東野出奔周望以郡印付仲威二十四日仲威會諸將飲城上士民老幼數萬叩頭出血請加守禦之備仲威奮臂語衆曰即發遣騎兵虜行破矣民慎無擾人猶信之日欲晡金人大集於城下仲威及魯珏兵火廣化寺又火醫官李世康家望與仲威等皆宵遁其下自城南轉掠居民北出齊門而避民之得出郭者多爲所害二十五日五漏未盡四刻金兵自

盤門入刼掠官府民居子女金帛廩庫積聚縱火延燒煙焰見二三百里凡五晝
夜三月朔乃出閶門士民得脱者十之二三遷避不及遭殺者十之六七一城殆
盡諸將奔走潛伏外邑覘金人之去也競以兵還張俊至自崑山巨師古至自洞
庭李閻羅魯珏郭仲威等至自常熟陳思恭至自烏墩仲威揭牓於市曰本軍已
逐退金人收復城府十五日有詔周望等失守平江可發遣諸將兵往常州以北
衝襲金人以功贖過方金人燒刼之餘又值仲威晝夜縱兵捜抉民有訪舊居者
即執之窮問瘞藏之所民益寃憤是夏疾疫斗米逾五百錢有自賊中逃歸者多
因餓或驟得食而死横屍枕藉道路涇港不可勝計吳中非形勝所必爭即有戰
事不至大衂自古喪亂未有如是之酷者也仲威出於寇盜荼毒最甚後爲眞揚
鎭撫使在郡復不悛爲劉安世所擒縛送行在詔斬於平江府以謝百姓方平江
戒嚴兩浙宣司參謀胡舜陟言於望曰樞密必欲守平江莫若移軍吳江據太湖
之險吾軍以中軍振其前使諸將以小舟自太湖旁擊之可必勝望不主其議但

令召諸將議之諸將不從帷陳思恭善其言願爲先鋒自餘不從竟已及虜過平江思恭不禀望自以兵出太湖横擊其尾虜舟乃中原係虜之民聞兵至皆爲内應縱火焚舟幾虜四太子思恭雖勝望怒其專制竟不遷官紹興元年東南諸路郡國饑淮東京東西流民聚平江府常州者多殍死詔令振之是年大疫流尸無算二年八月五日長洲地震自西北來樹木皆搖動工部侍郎李擢言平江府東南有逃田湖浸相連塍岸久廢歲失四萬三千餘斛乞招誘流民疏導耕墾其不可即工者蠲其額又郡民之陷虜者棄田三萬六千餘頃皆掌以舊佃戶諸縣已立定租課許以二年歸業圭田瘠薄民以舊籍爲病願除其不可耕之田損其已定過多之額後皆次第行之此李椿年經界之議所本也三年地大震四年六月霪雨害稼七年正月辛未火十二年左司員外郎李椿年言經界不正十害一侵耕失稅二推割不行三衙門及坊場戶虛供抵當四鄉司走弄稅名五詭名寄產六兵火後稅籍不失爭訟日起七倚閣不實八州縣隱賦多公私俱困九豪猾戶

自陳詭籍不實十逃田稅偏重人無肯售經界正則害可轉爲利且言平江歲入昔七十萬斛有畸今按籍雖三十萬斛然實入纔二十萬斛耳詢之士人皆欺隱也望考按覈實自平江始然後施之天下則經界正而仁政行矣帝謂宰執曰椿年之論頗有條理秦檜曰其說簡易可行程克俊曰比年百姓避役止緣經界不正行之乃公私之利乃以椿年爲兩浙運副專委措置經界椿年條畫來上請先往平江諸縣俟其就緒即往諸州要在均平爲民除害如水鄉秋收後妄稱廢田者許人告陂塘塍埂之壞官按覆令各戶各鄉造砧基簿仍示民以賞罰開諭禁防靡不周盡吏取材者論如法椿年既至平江置經界局守臣周葵問之曰公今欲均賦耶或遂增賦也椿年曰何敢增稅葵曰苟不欲增何爲言本州七十萬斛椿年曰當用圖經三十萬斛爲準時謂椿年先自其家田上量起十四年椿年權戶部侍郎仍舊措置經界十二月以母憂罷兩浙運副王鈇權領之椿年去任有司稍罷其所施行者十七年椿年免喪還朝復言兩浙經界已畢者四十縣其未

行處若止令人戶結甲慮形勢之家倘有欺隱乞依圖畫造簿本所差官覆實先了而民無爭訟者推賞弛慢不職者劾奏皆從之十三年三月望大雪盈尺二十三年諫議大夫史才言浙西民田最廣而平時無甚害者太湖之利也近年瀕湖之地多爲軍下侵據累土增高長隄彌望名曰壩田旱則據之以溉而民田不沾其利水則遠近汎濫不得入湖而民田盡沒乞詔有司究治盡復太湖舊跡使軍民各安田疇利益從之二十八年七月大風雨潮溢數百里壞田廬三省言平江等府被水尤甚欲除下戶積欠擬令戶部開具有無侵損歲計上曰不須如此止令具數便於內庫撥還朕平時不妄費內庫所積正欲備水旱本是民間錢卻爲民間用何所惜乃詔平江等府應日前積欠稅賦並蠲之大理寺丞周環言太湖沿江洩水之所惟白茆浦最大請勑有司相視開決詔令兩浙漕臣按視開濬二十九年正月庚申興工二月癸卯畢工支錢三十餘萬貫米十萬餘石知平江府陳正同請禁圍裏湖田戶部奏在法瀦水之地謂衆公溉田者輒許人請佃承買

并請佃承買人各以違制論乞下平江府明立界至約束人戶毋得占射圍裹有詔從之戶部提領官田所言應官戶勢家坐佔官田令依估承買詔各路提舉司督察欺隱申嚴賞罰尋兩浙轉運使奏申括平江省府田一十六萬六千七百二十八畝每畝納上供苗三斗三升六合計米三萬九千四十七石係民戶世業今若出賣便爲私田上輸二稅賠失上供歲額苗米乃止三十一年九月金主亮大舉南下十月帝下詔親征未幾亮爲其下所殺帝欲乘時蕭清中原駕幸金陵撫師十二月壬子至平江府泊姑蘇館初金主命其尙書蘇保衡由海道窺二浙以浙西副總管李寶禦之寶駐兵平江守臣朱翌素與寶異朝議以吏部侍郎洪遵嘗薦寶乃命遵知平江時步帥李捧請斷吳江橋或議塹常熟福山以限敵騎者遵曰審爾是棄吳以西耶凡堂帖與監司符移皆留不行及寶以舟師擣膠西凡貲糧器械舟楫皆遵供億寶成功而歸遵之助爲多及車駕至遵獻洞庭柑卻不受自是所過無入獻者衛士丐索無度他部隨與不饜至平江乃相告曰內翰在

此汝毋復然遵言官拘舟船聚邊海縣募水手留民兵夾運河築烽臺徒費無益
乃罷鎮江至臨安所置烽燧餘從之癸丑帝乘馬至平江府行宮甲寅次無錫殿
中侍御史吳芾言知崑山縣應辦巡幸科擾民間銀器至多詔勒停永不與親民
差遣孝宗隆興元年八月大風水是歲大饑二年七月平江等處大水浸城郭壞
廬舍圩田軍壘舟行鄽市累日人溺死甚衆越月積陰苦雨水患益甚臣僚奏請
疏濬三十六浦開掘圍田詔兩浙運判陳彌作相度措置彌作議擇宜先治者凡
常熟崑山十浦仍以緩急先後施工合開圍田一十三所詔令知平江府沈度依
狀開決用錢三十餘萬貫米九萬餘石乾道元年春平江等府大饑殍徙者不可
勝計州縣爲糜食之沈度陳彌作言崑山常熟諸浦並通大海沙隨潮入今依舊
招致闕額開江兵卒次第開濬不數月諸浦可以漸次通徹又用兵卒駕船遇潮
退搖蕩隨之使沙泥隨潮退落不致停積實爲久利從之五年增置撩河軍兵專
一管轄不許人戶佃種茭菱因而包圍隄岸六年五月大水監奏進院李結上蘇

湖常秀治田三議詔令胡堅常相度以聞其後戶部以三議切當但工力浩瀚欲諭有田之家各依鄉例出錢米與租佃之人更相修築庶官無所費民不告勞從之淳熙二年六月兩浙轉運使姜詵奏開常熟諸浦而許浦最急有詔别議水軍統制馮湛知平江府陳峴奉詔措置自雉浦至許浦口浚塘築隄提舉薛元鼎又奏開運河五十四里三年大水六年三月發運使魏峻疏至和塘塘成垂百三十年至是大加修治又以港汊紛錯盜賊潛形鹽賈借經以萃淵藪於險隘之處立柵以防不能踰越富民出財助工二月而畢十一年戶十七萬三千四十二口二十九萬八千四百五方宣和盛時戶至四十餘中更狄難掃蕩流離城中幾於十室九空中興以來爲輔郡涵養生息而殷盛終不逮矣十二年八月有蟲聚於禾穗油灑之即墮一夕大雨盡滌之光宗紹熙元年長洲彭華鄉麥秀四歧五年八月水甯宗慶元二年十二月吳縣金鵝鄉銅錢百萬自飛嘉定十年割崑山地置嘉定縣十六年正月兩浙運判耿秉言板帳錢額太重官民交病是法救立經隔

已數十年物價有低昂戶口有息耗安可不隨時而加損乞今去其太甚立其中制於是常熟一縣每年與減一萬貫崑山吳江縣每年合與減發三千貫時又有經總制錢月樁錢諸名光宗登極從顏師魯奏悉予減汰惟月樁錢至是乃減蓋宋世之弊政也五月水害稼度宗咸湻七年饑帝顯德祐元年三月元巴延（原作伯顏）兵自常州趨平江平江守潛說友先遁通判胡玉等以城降會張世傑軍至元兵引去八月以文天祥爲浙西江東制置使兼江西安撫大使知平江府十月巴延分兵東下陷常州天祥使尹玉救之不克平江大震會獨松關告急留夢炎劉宜中議棄平江趣天祥天祥意未決兩府劄至乃委印於通判王矩之時督府遣環衛王邦傑援常留平江因責邦傑以城守十二月天祥去平江未數日元兵來侵矩之邦傑開城迎降都人大駭議天祥棄平江天祥出兩府劄榜之朝天門衆始定其後天祥詣巴延軍講解留不遣索多（原作唆都）嘗問曰何以去平江天祥曰有詔趨入衛問兵若干對曰五萬索多歎曰天也使丞相在平江必不降但累城內百

姓耳元以府治爲江淮行省置浙西軍民宣撫司以孟古岱（原作忙古歹）范文虎行兩浙大都督事遣窜至修吳江長橋巴延發平江留至守長橋以別兵守平江至復官至浙西道都元帥有保障之功子孫世居吳江同里是年主客户三十二萬九千六百三

元世祖至元十三年三月巴延入臨安兩浙平頒詔新附府司州縣十二月改宣撫司爲平江路總管府置錄事司以治之領吳長洲崑山常熟吳江嘉定六縣十六年九月詔杭蘇嘉興三路辦課官吏月給食錢毋得額外多取分例二十一年二月徙江淮行省於杭州徙浙西宣慰司於平江省是時霖雨米價湧貴宣慰使史弼發米十萬石平價糶之而後聞於省省欲增其價弼曰吾不可失信奪輟我俸以足之省不能奪益發十萬石民得不饑二十三年六月蘇州多雨傷稼百姓艱食雷膺爲江南浙西提刑按察使請於朝發粟二十萬石振之江淮行省以發粟太多議存三之一膺曰宣布皇澤惠養窮困豈可效有司出納者之吝耶二十四年宣慰使朱清以水澇爲災諭上戶開濬自婁門導水由婁江以入於海水勢順下不致爲害二十五年四月尚書省臣言近以江淮饑命行省振之吏與富民因緣爲奸多不及於貧者今杭蘇湖秀四州復大水民鬻妻女易食請輟上供米

二十萬石振之報可二十六年五月徙浙西提刑按察司於平江省二十七年戶四十六萬六千一百五十八口二百四十三萬三千七百二十八年饑二十九年六月水三十年都省以水災命浙西宣慰使哈剌歹改譯未詳等選知水利人吳偎張桂榮潘應武相覛合修湖泖河港應置橋梁閘壩九十六處用夫近十三萬有奇凡三月而成都省參議張挺議所占湖田在宋皆田宋亡乃爲富戶所據合收糧米還官爲挑湖支用都堂然之即湖田開港三條闊約十餘丈及濬趙屯大浦二浦活疾湖流從此遂輟成宗元貞元年五月陞崑山常熟吳江嘉定四縣爲州凡陞州以戶爲差戶四五萬者爲下州五萬至十萬者爲中州下州官五員中州六員八月平江等路大水大德元年浙江行省平章政事徹爾元作徹里濬吳淞江四月畢工二年立浙西都水監庸田使司於平江路專董修築田圍疏濬河道三年六月水四年饑五年七月朔海溢颶風拔平江路治吳長州縣治皆起空中乃墮是年又水十年五月水害稼七月大風海溢漂民廬舍十月吳江大水明宗天歷元

年八月水沒民田二年吳江知州孫伯恭募鈔一千錠米一千餘石大修石塘以巨石重築之爲水竇一百三十又三竇之上以巨石爲梁木橋亦易以石文宗至順元年閏七月水二年十月吳江大風雨太湖溢漂沒廬舍孳畜千九百七十家三年九月大水順帝至元元年六月乙亥罷江淮財賦總管府所管平江杭州集慶三處提舉司以其事歸之有司至正元年命工部尚書禿魯等講究浙西水利以知渠堰事繫路州正官銜初郡人周文英上書論三吳水利請差能官勸率富戶照依捨糧振饑例令自備工食開濬河浦考其成效輕省者量行優敘功績重大者優以一官激勸勉勵庶幾勞而無怨擾不及衆可免差夫動擾之弊中書是其議時有重惜名爵之論遂不報至是復有以文英所論稟上者亦不果行八年四月大水十二年四月廉訪使李特穆爾（元作李鐵木兒）謀於太守高履監郡六十修平江城重啟胥門築壘開濠備極深廣方元定江南凡城池悉命夷堙雖設五門蕩無防蔽是時兵起始詔天下繕完城郭凡五月而畢工十五年十二月張士誠遣弟

士德由通州渡江入福山港陷常熟士誠泰州白駒場亭人以操舟運鹽爲業緣私作奸利頗輕財好施得羣輩心初起兵襲據高郵有衆萬餘自稱誠王僭號大周建元天祐江陰人朱定爲盜元兵捕之急奔士誠求救具言吳中富庶可以建國至是淮東饑遂謀南徙十六年二月士德陷平江湖州松江常州諸路改平江路曰隆平府士誠自高郵來居之即承天寺爲府第設學士員開宏文館以陰陽術人李行素爲丞相弟士德爲平章提調各郡兵馬蔣輝爲右丞居內省理庶務潘元明爲左丞鎮吳興史炳文爲樞密院同知鎮松江郡州縣正官郡稱太守州稱通守縣仍曰尹郡同知稱府丞知事曰從事餘則損益而已六月明太祖遣楊憲通好於士誠其書曰昔隗囂稱雄於天水今足下擅號於姑蘇事勢相等吾深爲足下喜睦鄰守境古人所貴竊甚慕焉自今信使往來毋惑讒言以生邊釁士誠得書留憲不報七月士誠以舟師攻鎮江徐達敗之於龍潭復與湯和以計敗之於常州乃以書求和請歲輸金粟太祖答書責其歸楊憲歲輸粟五十萬石士

誠復不報十七年三月徐達破常州湯和守之常與士誠接境間諜百出防禦嚴密敵莫能窺五月士誠寇長安州敗走六月吳良敗士誠於秦望山遂克江陰時士誠據全吳兵食饒足江陰當其要衝枕大江扼南北襟喉士誠數以金帛啗將士窺釁太祖諭良曰江陰我東南屏蔽汝約束士卒毋外交毋納逋逃毋貪小利毋與爭鋒惟保境安民而已俞通海以舟師略太湖降士誠守將於馬積山七月徐達徇宜興使趙德勝取常熟士德迎戰被擒士德善戰有謀能得士心明祖欲留之以招士誠士德間道貽士誠書俾降元士誠計決江浙右丞相達實特穆爾（原作達識帖睦邇）爲言於朝授太尉雖去僞號擅甲兵土地如故士德竟不食死是年復陸平府曰平江路十八年五月士誠遣史文炳襲殺楊完者遂有杭州十月徐達邵榮攻太湖口遂有宜興廖永安乘勝深入太湖爲士誠將呂珍所執不屈死十九年正月士誠大舉兵寇江陰敗走復寇建德李文忠大破之奄至常州吳良遣兵從間道殲其援師士誠奪氣元帝徵糧於士誠賜之龍衣御酒士誠自海道輸糧

十一萬石於大都歲以爲常寧海人葉兌獻書明祖略謂張九四之地南包杭紹北跨通泰而以平江爲巢穴今欲攻之莫若聲言掩取杭紹湖秀而大兵直擣平江城固難以驟拔則以鎖城法困之於城外矢石不到之地别築長圍分命將卒四面立營屯田固守斷其出入之路分兵略定屬邑收其稅糧以贍軍中彼坐守空城安得不困平江既下巢穴已傾杭越必歸餘郡解體此上計也張氏重鎮在紹興懸隔江海所以數攻而不克者以彼糧道在三江斗門也若一軍攻平江斷其糧道一軍攻杭州絕其援兵紹興必拔所攻在蘇杭所取在紹興所謂多方以誤之者也紹興既拔杭城勢孤湖秀風靡然後進攻平江犂其腹心江北餘孼隨而瓦解此次計也明祖納之二十三年二月呂珍圍安豐韓林兒告急明祖曰安豐破則士城益彊不可不救也自將往安豐城已破嚴兵拒守左右皆敗常遇春横擊其陳三戰三破之珍走俘獲士馬無算時士誠益驕令其下頌功德邀王爵元帝不許遂自立爲吳王尊其母曹氏爲王太妃置官屬别治府第於城中以士

信爲浙江行省右丞相幽達實特穆爾於嘉興元徵糧不復與是時士誠所據南抵紹興北踰徐州達於濟寧之金溝西距汝潁濠泗東薄海二千餘里帶甲數十萬以弟士信及女夫潘元紹爲腹心左丞徐義李伯昇呂珍爲爪牙參軍黄敬夫蔡彦文葉德新主謀議元學士陳基右丞饒介典文章又好招延賓客贈遺輿馬居室什器甚具爲人遲重寡言似有器量而實無遠圖既據吳中吳承平久戶口殷盛漸奢縱怠於政事士信元紹尤好聚斂日夜歌舞爲樂將帥亦偃蹇不用命每有攻戰輒稱疾邀官爵田宅然後起甫至軍所載婢妾樂器踵相接或大會游談之士樗蒱蹴踘皆不以軍務爲意及喪師失地還士誠槪置不問是以吳人知其必敗明祖稱士誠多奸謀尙間諜御衆無紀律良然二十四年九月士信大發兵攻長興耿炳文屢敗之長興爲士誠必爭地炳文拒守十年迄不得逞時白茆鹽鐵塘爲蘆葦所塞涓流不通士誠閱故牘得周文英所論乃起兵民夫十萬以芝塘爲行府駐節三涇口命呂珍督濬塹其地爲港由是水勢峻下數年得免浸

潦特爲法甚厲民多愁怨惟華亭縣丞盛彦忠奉檄趨事撫民獨至輿誦喧傳二十五年十月明祖平淮北地平江連歲大水民多饑饉二十六年八月明祖遣徐達常遇春率舟師二十萬討士誠御戟門誓師曰城下之日毋殺掠毋毁廬舍毋發邱壟士誠母葬平江城外毋侵毁既而召問達遇春用兵當何先遇春欲直擣平江太祖曰湖州張天麒杭州潘原明爲士誠臂指平江窮蹙必將悉力赴援難以取勝不若先攻湖州使疲於奔命羽翼既披平江勢孤立破矣遂移檄數士誠八罪大兵自太湖圍湖州復令李文忠攻杭州以牽制之士誠遣朱暹五太子等以十萬衆來援屯於舊館出明軍後築五砦自圍遇春將奇兵更出其後築十壘以遮之士誠來援敗於皁林遇春等又敗徐志堅於東阡襲徐義於平望盡燔其赤龍船十月又敗潘元紹於烏鎮五太子朱暹呂珍皆降徇於湖州十一月張天麒等以湖州降華雲龍攻嘉興守將宋興降湯和克太湖水寨下吳江州戰於尹山橋盡覆敵衆徐達進圍平江達軍葑門遇春軍虎邱郭子興軍婁門華雲龍軍

胥門湯和軍閶門王弼軍盤門張温軍西門康茂才軍北門耿炳文軍城東北仇成軍城西南何文輝軍城西北築長圍困之架木塔與城中浮圖等別築臺三成瞰城中置弓弩火筒臺上又置巨礮所擊輒糜碎城中大震二十七年太祖吳元年也士誠拒守久太祖貽書招之曰古之豪傑以畏天順民爲賢全身保族爲智漢竇融宋錢俶是也爾宜三思勿自取夷滅爲天下笑士誠不報六月士誠親帥銳士突圍出西門搏戰將奔常遇春軍遇春分兵北濠絕其後而別遣兵與戰士誠軍殊死鬬王弼馳騎奮擊敵小郤遇春帥衆乘之士誠兵大敗人馬溺死沙盆潭者甚衆士誠故有勇勝軍號十條龍者皆驍猛善鬬每被銀鎧錦衣出入陣中至是亦敗墮萬里橋下死士誠馬逸墮水幾不救肩輿入城自是不敢復出李伯昇知士誠困甚遣所善客踰城說之曰始公所恃者湖州嘉興杭州耳今皆失矣獨守此城恐變從中起公欲死不可得也莫若順天命遣使金陵稱公所以歸義救民之意開城門幅巾待命當不失萬戶侯且公之地譬如博者得人之物而復

失之於公何損士誠仰觀良久曰吾將思之乃謝客竟不降九月平江圍急士信中礮死城中洶洶無固志士誠語其妻劉氏曰吾敗且死若曹何爲劉曰君無憂妾必不負君城將破達與遇春約曰師入我營其左公營其右又令將士曰掠民財者死毀民居者死離營二十里者死辛巳諸將破葑門遇春破閶門入士誠收餘衆戰於萬壽寺東街衆散走倉皇歸府第拒戶自縊故部將趙世雄解之達數遣李伯昇潘元紹等諭意士誠瞑目不答舁出葑門劉氏積薪齊雲樓下驅羣妾登樓令養子辰保縱火焚之亦自縊有二幼子匿民間不知所終吳地平居民安堵如故改平江路曰蘇州府吳良自江陰移守之士誠至舟中不復食至應天竟自縊死命具棺葬之方平江被圍城內多列礮石王行私語所知曰兵法柔能制剛若植大竹於地繫布其端礮石至布隨之低昂則人不能害而礮石無所用矣及遇春等克平江果如所言自士誠起兵至是凡十四年

明太祖洪武元年初定天下官民田賦凡官田畝稅五升三合民田減二升重租田八升五合五勺沒官田一斗二升惟蘇州諸府怒其爲張士誠守盡籍其功臣子弟莊田入官後惡富民豪並坐罪沒入田產皆謂之官田按私家租簿爲稅額而蘇州視他府尤重其後連年水災雖議蠲緩而重額不改二年以元所陞崑山常熟吳江嘉定四州仍爲縣三年六月徙蘇州等府無業民田臨濠四年蘇州府戶四十七萬三千八百六十二口一百九十四萬七千八百七十一六年饑八年十二月水是年以揚州府之崇明縣改屬蘇州九年戶五十萬六千五百四十三口二百一十六萬四百六十三十一年七月海溢人多溺死十三年三月始減蘇州諸府重賦額畝科七斗五升至四斗四升者減十之二四斗三升至三斗六升者俱止徵三斗五升以下者仍舊時蘇州府秋糧二百七十四萬六千餘石歲額與浙江通省埒其重如此十七年正月用方鳴謙策命湯和與鳴謙巡視海上始

築山東江南北浙東西沿海諸城以禦倭冦二十六年戶四十九萬一千五百一十四口二百三十五萬五千三十惠帝建文二年二月詔曰國家有惟正之供而江浙賦獨重蘇松官田準私租起科特以懲一時頑民豈可爲定則以重困一方宜悉與減免畝不得過一斗行之未久成祖盡革建文之政而賦額復重三年三月黃子澄微服由太湖至蘇州與知府姚善倡義勤王初太祖以吳俗奢僭欲重繩以法黠者更持短長相攻訐善爲政持大體不爲苛細訟遂衰息吳中大治好折節下士敬禮隱士錢芹王賓韓奕俞貞木輩以月朔會學宮迎芹上坐請質經義芹曰此非今所急也善悚然起問芹乃授以一册視之皆守禦策時燕兵已南下密結嘉松鎮常四郡守練民兵爲備薦芹於朝署行軍斷事四年五月善應召至京師上言子澄才足捍難不宜棄閑遠以快敵人遂召子澄及齊泰還命善兼督蘇松常鎮嘉興五府兵勤王兵未集燕王已入京師子澄匿善所約共航海起兵善謝曰公朝臣當行收兵圖收復善守土與城存亡耳子澄去善爲麾下縛獻

不屈死成祖永樂元年四月以蘇松嘉湖連年大水命戶部尚書夏原吉治之以侍郎李文郁爲之副復使僉都御史俞士吉賫水利書賜之原吉請循禹三江入海故蹟濬吳淞江下流上接太湖而度地爲閘以時蓄洩役十餘萬人布衣徒步日夜經畫不輟八月徙直隸蘇州等十郡浙江等九省富民實北京二年正月夏原吉言蘇松水雖由故道入海而支流未盡疏洩非經久計乃命復濬白茆塘劉家河大黃浦以大理少卿袁復陝西參政宋性副之九月畢工農田大利三年六月蘇州等府大饑命原吉等往振發粟三十萬石給牛種尋又命姚廣孝往廣孝至長洲候同產姊姊不納訪其友王賓賓亦不見遥語曰和尚誤矣和尚誤矣復往見姊姊詈之廣孝以所賜金帛散宗族鄉人而還有請召民佃水退淤田益賦者原吉馳疏止之廣孝至稱原吉曰古之遺愛也十三年旱從吳江縣丞李昇言濬太湖下流諸河港宣宗宣德三年中書舍人陸伯倫言常熟七浦塘東西百里灌常熟崑山田歲租二十餘萬石乞聽民自濬詔可五年五月帝以知府多不稱

職會蘇州等九府缺員皆雄劇地用尚書蹇義胡濙等薦以禮部郎中況鍾知蘇州府鍾剛正廉潔勤政愛民初視事佯不省察羣謂太守闇可欺越日悉抉其隱捶殺姦吏舞文者數人盡斥屬僚之貪虐庸懦者一府大震乃蠲煩苛立條敎事不便民者立上書言之帝悉報許興利除害不遺餘力鋤豪强植良善民奉之若神當是時屢詔減蘇松浮糧適巡撫周忱繼至相與曲算累月減至七十二萬餘石他府以次減免忱爲政簡易而立法周密帝知其才可大用以工部右侍郎巡撫江南諸府總督稅糧乃定加耗折徵之例𣂏平米法革糧長之弊置濟農倉終忱之任江南民不知荒兩稅未嘗逋負皆其效也其與陳瑄議漕運多所更定經理江南水利功效最著凡忱所爲善政鍾皆佐之而松江知府趙豫常州知府莫愚等亦推心諮畫既久任與吏民習若家人父子前後官吳中者莫之能及吳氏立祠尸祝迄今弗衰九年毀蘇松民私築隄堰英宗正統元年海溢常熟傷禾四年七月大風拔木殺稼八月水溺死甚衆七年七月颶風大水濬沿海諸河九年

春饑景帝景泰五年正月大雪連四旬凍餓死者無算時年饑多盜貧民掠富家粟火其居蹈海避罪王文捕許師道等二百餘人張其功坐以謀逆大理寺卿薛瑄力辯其誣給事中王鎮因乞會廷臣勘實六月誅師道等十六人餘得釋七月大水九月免蘇州等七府漕糧二百餘萬石十一月罷蘇松常鎮織造採辦六年春饑英宗天順四年二月崔恭巡撫蘇松大治吳淞江起崑山夏界口至上海白鶴江又起嘉定卞家渡迄莊家涇凡濬萬四千二百餘丈又濬曹家港浦匯塘諸水賴其利名曹家港曰都堂浦五年七月海溢崑山人溺死甚衆憲宗成化三年正月詔加蘇州知府邢宥浙江左參政仍理府事先是蘇州大水民饑宥不待奏輒發米二十萬斛以振宥素廉介治蘇嚴而不苛巡撫宋傑薦於朝因有是命八年常熟麥秀兩歧十四年詔巡撫都御史牟俸兼領蘇松水利孝宗弘治元年十二月常熟虞山鳴四年八月水是年蘇州府戶五十三萬五千四百九口二百四萬八千九十七七年九月海溢平地水五尺沿江者一丈民多溺死停蘇松諸府

所辦物料留關鈔戶鹽備振命工部侍郎徐貫巡撫副都御史何鑑經理南畿水利貫以主事祝萃日隨萃乘小舟究悉源委乃濬吳江長橋導太湖散入澱山陽城昆承諸湖復開吳淞江並大石趙屯諸浦洩澱山湖水由吳淞江口以入於海開白茆港白魚洪鮎魚口洩昆城湖水由白茆港以注於江開斜堰七鋪鹽鐵等塘洩陽城湖水由七了港以達於海於是開湖州之溇涇洩西湖天目安吉諸山之水自西南入於太湖開常州之百瀆洩溧陽鎭江練湖之水自西北入於太湖又開諸陡門洩漕河之水由江陰以入於大江八年四月工成萃之功爲多九年提督水利工部主事姚文灝以沙湖風浪甚惡且多盜賊傍湖築夾隄橫截其中閱二歲餘文灝以疾去郎中傅潮來任始成之十年正月置太倉州於太倉衛城析蘇州府崑山常熟嘉定三縣地益之十六年旱十七年五月罷蘇杭織造中官十八年九月甲午地震十九年中官王敬挾妖人千戶王臣南行採藥物珍玩所至騷然長吏多被辱至蘇州召諸生寫妖書諸生大譁敬奏諸生抗命巡撫王恕

疏言當此凶歲宜遣使振濟顧乃横索玩好因盡列敬罪狀會中官尚銘亦發敬姦乃下敬獄戍其黨十九人而棄臣市武宗正德元年減蘇杭織造歲幣四年飢五年十一月大水城中街路皆斷不通吳江垂虹橋有水則碑二是時猶存其横第六道刻大宋湻熙三年水到此第七道刻大元至元二十四年水到此因往稽之水到六則與湻熙時同七年旱十二年大雨殺麥禾十三年五月大雨溺室廬屋宇無算癸丑常熟俞野村迅雷震電有白龍一黑龍二並乘雲口吐火目睛若炬撤民居三百餘家吸二十餘舟於空中舟人墜地多怖死是夕雨如注色赤五日乃止歲饑世宗嘉靖元年九月以工部郎中林文霈顏如環協理蘇松水道初李充嗣建議修治武宗進充嗣工部尚書兼領水利事及帝嗣位復令文霈等與充嗣晝水爲井地示開鑿法戶占一區刻日計工造濬川爬用巨筏數百曳木齒隨潮進退擊汰泥沙置小艇百餘尾鐵帚以導之開白茆港疏吳淞江濬故道穿新渠凡六閱月而迄工巨浦支流罔不灌注二年八月大水四年二月長洲知縣

郭波以事挫織造中官張志聰志聰伺波出倒曳之車後典史蕭景腆操兵教場急帥兵救之百姓登屋飛瓦擊志聰志聰奏逮波景腆吳廷舉亦具奏志聰貪黷狀帝乃降波五級調景腆遠方志聰亦召還九年旱十一年大理寺左丞周鳳鳴條上吳中水利曰復專官以圖責成曰疏海口以導下流曰濬支河以修圩岸曰虛長橋以決壅滯曰均夫役以便貧民曰禁侵占以飭豪右凡六事二十四年正月應天巡按御史呂光洵又奏蘇州水利四事曰廣疏濬以備蓄洩曰復版閘以防淤澱曰量緩急以處工費曰重委任以責成功又請治田圍言多切當三十二年閏三月汪直句諸倭大舉入寇連艦數百蔽海而至浙東西江南北濒海數千里同時告警蘇州同知任環禦賊寶山洋奮前搏戰相持數日始遁去四月又犯太倉環即馳赴遇賊短兵接環身被三創褰創擊賊怒濤作操舟者失色環意氣彌厲竟敗賊俘斬百餘八月賊刦金山衛及嘉定犯常熟知縣王鐵禦卻之初鐵之官海濱多大猾匿亡命作姦鐵悉貰其罪語之曰何以報我咸請效死乃立耆

長部署子弟得數百人合防卒訓練縣無城帥士卒城之至是遂得力三十三年正月賊自太倉掠蘇州四月犯常熟圍崑山五月賊薄蘇州城閉鄉民繞城號任環盡納之全活數萬計副將解明道擊敗之六月賊自吳江嘉興還屯柘林八月犯嘉定敗之三十四年三月倭自三丈浦分掠常熟江陰任環與王鐵等破之於南沙倭遁四月犯金山五月總督侍郎張經副總兵俞大猷擊賊於王江涇大破之大猷及任環復敗倭於陸涇壩又敗之鶯脰湖王鐵與里居參政錢泮追倭於上滄港遇伏死任環俞大猷追敗之三丈浦又敗之於馬蹟山禽其魁金涇許浦白茆港賊俱出海大猷追及於茶山焚五舟賊大敗八月倭在溧水者流劫溧陽宜興聞官兵由太湖出一晝夜奔八十餘里越武進至無錫駐惠山進至滸墅巡撫曹邦輔擊敗之賊走太湖追之楊林橋盡殲其衆方蘇州倭警募壯士爲備後兵罷無所歸羣聚剽奪巡撫翁大立得其主名捕甚急惡少懼夜刼縣衛獄縱囚自隨攻都御史行署大立帥妻子遁知府王道行督兵力拒之乃斬葑門奔入太

湖三十八年十一月事聞命大立戴罪捕賊尋劾罷是歲旱參政凌雲翼專設御史督蘇松水利詔以巡鹽御史蔚元康兼之元康議重濬常熟太倉嘉定諸浦塘次第施工穆宗隆慶元年大饑二年三月詔遣中官李佑督蘇杭織造雷禮等執奏不從郝杰言登極詔書罷織造甫一年敕使復遣非畫一之政啟內臣專恣有司剝下奉之損聖德非小帝終不聽三年六月以海瑞爲右僉御史巡撫應天十府屬吏憚其威者多自免去有勢家朱丹其門聞瑞至黝之中官監織造者爲減儀從瑞銳意興革請濬吳淞白茆民賴其利素疾大戶兼并力摧豪强撫窮弱貧民田入於富室者率奪還之下令飈發凌厲所司惴惴奉行豪有力者至竄他郡以避姦民乘間告訐故家大姓時有被誣負屈者由是怨頗興爲臺司所劾改督南京糧儲未之任又爲忌者所沮謝病歸瑞撫吳甫半歲民聞其去號泣載道家繪像祀之神宗萬曆三年九月水四年六月復遣內臣督蘇杭織造七月巡撫應天都御史宋儀望條上三吳水利請復專官章下部議儀望初知吳縣民輸白糧

京師輒破家儀望合諸區各出公田計役授田贍之其他惠績甚著用張居正薦擢官奏減屬郡災賦海警稍定將吏諱言兵儀望與副使王叔杲修戰備倭果至禦之黑水洋甚有斬獲五年六月大雨寒如冬傷稼六年九月詔蘇州諸府開墾荒田六年後起科是年戶六十萬七百五十五口二百一萬一千九百八十五七年大水十年二月張居正言昨應天巡按御史孫光祐請蠲蘇松兩府未完帶徵錢糧七十餘萬戶部以國計所關未敢擅議竊謂德惠當出朝廷與其朘民以實奸貪之橐孰若盡蠲之以施曠蕩之恩乞諭戶部覈萬歷七年以前逋賦悉行蠲免從之七月海溢壞田禾人溺死甚衆十月大水蠲振有差十四年冬木冰十五年五月淫雨傷麥禾十六年至十七年連歲大旱太湖爲陸地以災傷停減蘇杭織造十九年六月水七月海溢二十四年十月始命中官權稅通州自後各省皆設稅使以孫隆領蘇杭稅使二十九年五月霪雨傷麥蘇杭織造兼權稅太監孫隆激蘇州民變殺參隨數人徧焚諸札委稅官家隆急走杭州以避有司捕亂者

葛誠獨承論死三十二年三月蘇州稅監劉成以水災請暫停米稅帝以歲額六萬米稅居半不當盡停令以四萬爲額趙世卿言鄉者既免米稅旋復再征已失大信於天下今成欲免稅額之半而陛下不盡從豈惻隱一念貂璫尚存而陛下反漠然不動心乎不報熹宗天啟六年二月魏忠賢分遣緹騎逮周順昌等初魏大中之被逮也過蘇州順昌方以吏部員外郎家居聞大中至出餞與同臥起者三日許以女字大中孫旂尉屢趣行順昌瞋目曰若不知世間有不畏死男子耶歸語忠賢我故吏部郎周順昌也因戟手呼忠賢名罵不絕口會吳中訛言黃尊素欲效楊一清誅劉瑾故事用蘇杭織造太監李實爲張永授以私計忠賢大懼遣刺事者至吳中凡四輩因誣故蘇松巡撫周起元乾沒帑金十餘萬日與尊素及繆昌期等往來講學因行居間詞連順昌蘇州士民素德順昌緹騎至衆咸憤怒號寃者塞道比開讀不期而集者數萬人咸執香爲周吏部乞命諸生文震亨等謁巡撫毛一鷺巡按御史徐吉請以民情上聞旂尉厲聲罵曰東廠逮人鼠輩

敢爾大呼因安在手擲琅璫於地聲琅然衆益憤曰始吾以爲天子命乃東廠耶讙擁大呼勢如山崩擊斃旂尉一人餘負傷踰垣走一鷺吉不能語知府寇愼吳縣知縣陳文瑞素得民曲爲解諭衆始散順昌自詣吏一鷺飛章告變言吳人盡反謀斷水道刼糧舟忠賢大懼既而一鷺縛得倡亂者顏佩韋馬傑沈揚楊念如周文元等論斬亂已定忠賢乃安然詗是緹騎不出國門矣順昌既下獄爲許顯純所鍛鍊楚毒備至六月十七日斃之獄蘇州諸生朱祖文力爲營護卒不免順昌櫬歸祖文哀慟發病死九月周起元亦斃於獄吳士民及其鄉人無不垂涕者佩韋等皆市人文元則順昌輿隸也臨刑五人延頸就刃語寇愼曰公好官知我等好義非亂也監司張孝流涕而斬之吳人感其義合葬之虎邱旁題曰五人之墓其地即一鷺所建忠賢普惠祠址也七年太湖溢入吳江簡村漂溺千餘家莊烈帝崇禎元年逆閹伏誅贈順昌太常寺卿給廕謚建祠賜額順昌子茂蘭以父讎未報刺指血上疏其貼黃曰爲孤忠已被恩褒沈寃尚未剖晰特搏額號天懇

報父讎以彰國法事臣父忤璫慘死皆繇倪文煥謀之於內毛一鷺因而謀之於外殺人抵死律有明條而文煥鼎湖勸進一鷺亦嘗建祠媚璫尤祖法所不赦伏乞敕下部院將提到倪文煥即刻處決已故毛一鷺還行褫戮庶父冤得雪國法亦伸疏成姚希孟閱之謂鼎湖勸進語非所宜言茂蘭復刺舌血再書以進又疏請給三代誥命帝悉報可且命後先慘死諸臣咸視此例五年吳縣戶十萬九百六十九口六萬五千六百十口數反縮於戶是時洊遘兵荒非死則徙而戶籍尚仍其舊也

【同治】蘇州府志

（清）李銘皖、譚鈞培修　（清）馮桂芬纂

光緒八年（1882）江蘇書局刻本

蘇州府志卷第一百四十三

祥異

志祥異猶史之志五行也府自康熙志始紀祥異繁稱博引類多失實乾隆志刪汰之取其有徵者符於篇道光志因之今亦本乾隆志而正史所載前志未采者補焉

周敬王三十八年至元王六年歲饑市無赤米國語注赤米米之惡者今尚無有稻蟹不遺種

漢文帝五年大風壞城官府民室

十二年有馬生角在耳前上鄉右角長三寸左角長二寸皆大二寸

景帝三年十二月二城門自傾漢書注一曰楚門一曰魚門

建武十四年大疫

元初六年夏四月大疫據後漢書補

陽嘉二年春二月甲申詔以吳郡饑荒貸人種糧據後漢書補

吳太元元年八月朔大風江海涌溢平地深八尺據三國志晉書補九字拔吳高陵松柏石碑蹉動高陵孫堅冢前志作蹉跌今據晉書改正郡城南門飛落據三國志補六字案此太元係吳大帝非晉孝武前志列太和六年後誤也今據三國吳志及晉書五行志改正

晉太始十年大疫吳土亦同據宋書五行志補

永嘉元年吳縣民萬祥婢生子鳥頭兩足馬蹄前志作詳今據宋書五行志改一手無毛尾宋書五行志無尾字黃色大如枕

大興二年六月米廩無故自壞是歲大饑

三年四月庚寅地震是年民多餓死據宋書補六字

永昌二年十二月雷震雹據晉書補宋書五行志作十一月雨雹震電 案永昌無二年二當作元史文誤也

泰寧三年三月白烏見海虞獲以獻據宋書補

咸和四年十二月雨震電晉書作十一月無雨字宋書作十二月亦無雨字

九年五月癸酉白麞見吳縣內史虞潭獲以獻據宋書補案宋書又云咸和九年五月白麞見吳國錢唐內史虞潭以獻蓋一事而異說耳 甲戌吳縣吳雄家有死榆樹因風雨起生

咸康七年吳縣沙里木生連理

建元元年七月庚申（前志作庚寅今據晉書五行志及本紀宋書五行志改正）災風

永和元年八月白麞見吳縣西界包山獲以獻（據宋書補）

太和六年大水稻稼蕩沒黎庶饑饉（據宋書補八字）

咸安二年大旱（據晉書補）

太元二十一年五月癸卯白烏見吳國獲以獻（據宋書補）

元興元年七月大饑人相食戶口減半（據晉書補）

宋元嘉十二年大水

十三年二月甘露降吳縣武康蕭道益家園樹（據宋書補）

十七年劉斌為吳郡郡堂屋西頭鴟尾無故落地治之未畢東頭鴟尾復落頃之斌誅（據宋書五行志補）

大明二年六月甲戌白燕產吳郡城內太守王翼之以獻據宋書補

七年春太湖考忽多鼠其夏水至悉化為鯉魚民人一日取輒得三五十斛明年大饑

太始七年木生連理

齊建元元年水前志作二年夏大水案南齊書高帝紀建元元年九月辛丑詔二吳義興三郡遭水減今年田租二年六月癸未詔背歲水旱曲赦丹陽二吳義興四郡遭水尤劇之縣是水在元年非二年也乾隆志誤會史文前志沿之

建武二年雨傷稼自是三年四年每秋七月八月輒大風發屋折木殺人

永元三前志作二今依南齊書天文志年夜天開黃色明照須臾有物絳色如

小雞瀨大如倉廩聲前志作石今依南齊書天文志隆隆如雷墜太湖中野雉皆雊

梁承聖元年十二月星隕吳郡據南史梁本紀補

隋大業十二年五月前志作十三年十一月今據隋書北史改正癸巳有大流星從北來磨拂竹木皆有聲至城下墮地時劉元進舉兵據郡見而惡之令掘地入二丈得一石徑丈餘後數日失石所在

唐貞觀三年秋水

十二年旱據新唐書五行志補

大足元年七月地震

開元十四年秋大水漂壞廬舍據舊唐書補

大歷二年七月大風海水飄蕩州郭據舊唐書補

貞元前志作興元非今依康熙志興元無六年也六年夏大旱井泉竭人暍疫死者甚衆

七年火據舊唐書補

元和三年秋旱

四年十一月旱儉據舊唐書補

十二年六月水害稼

長慶元年四月有大星墜於吳聲如飛羽據新唐書天文志補

四年夏水太湖溢

寶歷元年六月己巳水壞太湖隄水入州郭漂民廬舍十一月

戊申水傷稼據舊唐書補　案前志開成三年後有貞元年秋浙西大旱一條編列失次且情事相反當必有誤

大和四年夏蘇湖二州水壞六隄入郡郭溺廬井據舊唐書補

五年六月辛卯水害稼據舊唐書補

六年二月大水地震生白毛

七年十月辛酉水害稼據舊唐書補

開成三年水溢入城

中和二年二月馬生角據新唐書補

乾寧二年四月辛卯雨雪

後唐同光四年大水水中生菜如豆民取食之

石晉天福五年大水

宋淳化二年九月虎夜入福山砦食卒四人宋史補

咸平元年蘇州廨後圃禾生合穗

大中祥符四年前志作三年據宋史五行志改正九月太湖溢吳江壞廬舍

乾興元年水無禾田生聚米居民取以食

天聖元年太湖溢壞吳江外塘

嘉祐五年七月水

熙寧七年太湖水涸

元豐元年七月四日夜大風雨潮高二丈餘漂蕩尹山至吳江

塘岸洗滌橋梁沙土皆盡惟石僅存崑山張浦沙保有六百

戶悉漂盡惟餘五戶空屋人亦不存

四年七月太湖溢自吳江至平望民居盡壞死者萬餘人

紹聖元年秋海風害民田

二年夏秋地震

元符二年冬水

崇寧四年水據宋史補

大觀元年冬十月辛酉地震是年水據宋史補

政和三年四月火延燒公私屋一百七十餘間據宋史五行志補本紀作二年

五年八月水

紹興元年大疫流尸無算

二年秋八月五日長洲地震自西北來樹木皆搖動

三年地大震

四年六月淫雨害稼據宋史增三字

七年正月辛未火據宋史補

十三年三月望大雪盈尺

二十八年七月大風雨潮漂數百里壞田廬是歲饑

二十九年大饑

隆興元年八月大風水是歲大饑據宋史增四字

二年七月大水浸城郭壞廬舍圩田軍壘人操舟行市者累月

積陰越月是歲饑據宋史增三字

乾道元年大饑

六年五月大水

淳熙十二年八月有蟲聚於禾穗油灑之即墜一夕大雨盡滌
之

紹熙元年長洲彭華鄉麥秀四歧

五年八月水

慶元二年十二月吳縣金鵝鄉銅錢百萬自飛

嘉定十六年五月水害稼漂民廬圮城郭隄防溺死者甚眾

咸淳七年饑據宋史補

元至元二十三年六月水壞民田

二十四年饑

二十八年饑

二十九年六月水

元貞元年五月長洲水九月大水

大德三年六月水

四年饑據元史補

五年七月朔海溢颶風拔平江路治吳長洲縣治皆起空中乃墮是年水據元史增三字

十年五月水害稼七月大風海溢漂民廬舍十月據元史增六字吳江大水

至治二年十一月大水損民田四萬九千前志作七千今據元史改六百頃

泰定元年五月崑山饑

天歷元年八月水没民田此條前志列至順後非也今移正

至順元年閏七月大水壞民田

二年十月吳江大風雨太湖溢漂没廬舍塋畜千九百七十家

三年九月大水據元史補

至正八年四月大水

二十五年連歲大水據元史補

二十八年饑據元史補

二十九年水據元史補

明洪武六年饑
八年十二月水
十一年七月海溢人多溺死
永樂二年六月水
十三年旱
洪熙元年夏積雨傷稼
正統元年海溢常熟傷禾
四年七月大風拔木殺稼八月水溺死男婦甚衆據明史增六字
九年春饑
景泰五年正月大雪連四旬凍餓死者無算據明史補十三字七月大

水

六年春饑

天順五年七月海溢崑山人溺死甚衆

成化八年常熟婁秀兩歧

弘治元年十二月常熟虞山鳴

四年八月水

七年海溢平地水五尺沿江者一丈民多溺死

八年饑

十六年旱

十八年九月甲午地震

正德四年饑
五年十一月水
七年旱
十二年大雨殺麥禾
十三年大雨彌月漂溺室廬人畜無算五月癸丑常熟俞野村迅雷震電有白龍一黑龍二並乘雲口吐火目睛若炬撤民居三百餘家吸二十餘舟於空中舟人墜地多怖死是夕雨如注色赤五日乃止歲饑（據明史增二字）
嘉靖二年八月大水
三（前志誤二今正）年正月辛巳地震

四年吳縣橫涇農孔方脇下產肉塊剖視之一兒宛然據明史補

九年旱

三十八年旱

隆慶元年大饑

萬歷三年前志作二年今據明史正九月水

五年六月大雨寒如冬傷稼

七年大水

十年七月海溢壞田禾人溺死甚衆

十四年冬不冰

十五年五月至秋七月淫雨傷禾麥

十六年十七年連大旱太湖爲陸地此條前志列隆慶元年後而此間別列十七年大旱太湖水涸一條非也今移正

十九年六月大水溺人數萬秋七月海溢

二十九年夏淫雨傷麥是歲饑民毆殺稅使七人前志隆慶元年後既列十六年十七年一條又列二十八年蘇州饑一條按隆慶在位止六年安得有十六年十七年與二十八年蓋二條皆萬歷時事編次既乖復誤二十九年爲二十八年也今據明史訂正

天啟七年太湖溢入吳江簡村漂溺千餘家

崇禎十三年大饑

國朝順治四年饑

八年正月丁卯夜地震夏大水民饑

九年正月三日大雷電歲大旱

十年六月乙卯大風雨海溢平地水丈餘人多溺死

十二年二月庚申崑山地震

十五年八月丁丑地震九月大水

康熙元年歲大稔

二年夏旱秋淫雨下田多渰

三年七月甲午海溢九月丙子崑山地震

四年秋海溢

五年十二月丁未朔蘇州地震越八日甲寅又震

七年三月崑山縣天雨花或赤或白海神見城北新村遂[illegible][illegible]

如夜大風捲屋入空中重舟掀墜樹頭死傷甚多夏淫雨六月甲申蘇州地震有聲生白毛己丑夜又震十二月丙子地又震

九年六月戊子雨雪越十有一日戊戌大風太湖溢漂沒民田廬吳江水入縣治七月己未地震有聲海溢濱海人多溺死十二月二十四日雨雹雷電交作歲大祲

十年六月旱

十一年七月飛蝗蔽天不傷稼八月螟食禾癸亥夜蘇州地震

十三年夏大水

十五年六月大水十月四日雹十一月地震有聲是歲饑

十六年正月朔雷

十七年四月地震

十八年正月朔震雹夏旱自五月至八月飛蝗傷稼

十九年正月朔雷夏大疫秋大水下田盡淤

二十年歲大稔

二十一年歲大稔

二十二年春淫雨無麥十二月雷雹

二十六年七月大風水傷禾

二十七年七月蟲食禾

二十八年秋蟲食禾

三十四年夏多雨傷稼

三十六年正月癸丑朔雷秋大水

三十七年七月癸巳大風拔木平地水丈餘

四十三年正月二十日雷

四十五年歲大稔

四十六年大旱自四月不雨至於七月七月四日地震吴縣木

瀆民譚某家女子化爲丈夫

四十七年大水

五十一年十月雷

五十三年六月大旱

六十一年夏大旱

雍正元年夏旱六月十八日夜星隕

二年五月蝗八月己丑海溢

三年歲大稔

四年八月淫雨敗穀至五年三月始稷

五年十一月木冰是歲大稔

七年歲大稔

八年五月水十一月二十八日地震

十年七月庚子大風雨海溢平地水丈餘漂沒田廬溺死人畜無算

十二年四月大雨雹損麥苗吳江震澤尤甚

乾隆三年九月壬子大雨雹傷禾吳江震澤尤甚

四年四月丙戌大雨雹損麥

十一年正月木冰六月丙子雨雪己卯又雨雪庚辰又雨雪

十二年七月壬寅颶風海溢常熟昭文二縣淹没田禾四千四百八十餘頃壞廬舍二萬二千四百九十餘間溺死男女五十三人

二十年二月至四月雨麥苗腐六月大雨蝗蝻生傷稼十二月庚子朔地震

二十一年大疫米價騰貴貧民剝榆樹皮爲食

二十七年七月大風雨積水經月下田盡渰

二十八年五月甲申地大震

二十九年正月丁巳地震五月己卯地又震

三十年正月甲寅地震

三十三年自三月至八月不雨東太湖涸四月乙亥雨雹

三十四年六月雨太湖溢平地水數尺漂沒田廬是歲饑

三十六年十二月戊寅大雷電

四十六年六月己丑颶風大作海潮至胥江

四十七年六月庚寅地震

五十年大旱河港涸蝗蝻生歲大饑

五十一年大疫

五十五年十二月壬戌大雷電

五十七年五月癸卯晦地震冬無冰

五十九年七月壬辰大風傾屋舍寒如冬

嘉慶元年正月丙辰丁巳雪苦寒傷果植

九年五月雨積水彌月傷稼米貴

十九年旱地生黑毛

二十三年五月甲子大雨雹

道光元年大疫

三年大水歲大饑七月甲戌玉遮山裂

五年四月雨雹打死封門外陳橋人家屋上一蛇首有雞冠

十九年大除夕雷電大雨熱甚

二十一年冬大雪平地三尺

二十六年六月乙丑地震

二十七年十月辛亥地震

二十九年秋大水傷稼

咸豐二年十一月壬子地震

三年三月辛亥壬子地連震辛酉又震四月丙戌又震癸巳又

震

五年十月辛丑地震

六年夏大旱七月蝗從西北來如雲蔽空傷禾

七年七月飛蝗大至

九年五月大雨傷禾田中出蟲名曰稻虱

十年二月淫雨竟月三月乙亥大雪

同治元年七月甲申飛蝗自北至南有雷聲送去

三年六月己卯大雨雹颶風大作龍鬭傷民居無數

曹允源、李根源纂

【民國】吴縣志

民國二十二年(1933)蘇州文新公司鉛印本

吳縣志卷第五十五

祥異考

天象異地文異人物異三異以爲祥祥者善惡之徵傳曰國家將興必有禎祥吉祥也國家將亡必有妖孽凶祥也吉凶何以能前知於理爲不可解見祥而預決休咎其後有驗有不驗要之即驗仍非儒者所樂道雖不樂道然不得謂其必與人事無涉考而志之以供參究是亦紀實豈好異哉

吳縣

漢文帝十二年有馬生角在耳前上鄉右角長三寸左角長二寸皆大二寸（同治府志引漢書）

永平八年十月（按伏侯古今註作十二月）壬寅晦日有蝕之既在斗十一度吳也（吳門補乘引後漢書五行志云是年大水按）

陽嘉二年二月甲申詔以吳郡饑荒貸人種糧（同治府志引後漢書）

永和二年八月庚子熒惑犯南斗（吳門補乘引後漢書按天文志云斗吳分野年五月遂有郡盜羊珍之亂）

永建二年孫堅母姙堅夢腸繞吳閶門寤而懼以告鄰母鄰母曰安知非吉祥也已而堅生（乾隆縣志引宋書按吳志云堅入洛陽戰死時年三十七上溯生時則爲永建二年又王嘉拾遺記云堅母孕時夢腸出繞腰一女童負之繞吳閶門三匝天設以芳茅一莖童女語）

（之云此盤郡也必生雄才之子今闔閭於茅土王於吳妙之地鼎足於天下不出二百年且爲之卜人曰當女太白之精也）

興平中橫金山北麓有一龜獨足一目跳而歎曰黃金車斑爛耳闔閭門出天子雖跡之不知其處後孫權遂以黃龍元年建吳國（據蘇州横山志）

吳赤烏二年陳焘相宅池中生瑞蓮（同治府志寺觀按宅即東禪寺在長元學東南）

太元元年八月朔大風拔吳高陵松柏城南門飛落（同治府志按高陵即孫堅墓）

建興二年春仙女降於包山張碩家（同治府志據記引國志）

晉太始十年大疫吳土亦同（同治府志引宋書）

永嘉元年吳縣民萬祥婢生子鳥頭兩足馬蹄一手無毛尾（宋書無尾字）黃色大如枕（同治府志）

太興二年巳卯縣境無麥無禾吳郡米廩無故自壞遂大饑（乾隆縣志）

三年四月庚寅地震是年民多饑死（同治府志引宋書）

永昌二年十二月雷震電（同治府志引晉書按宋書五行志作十一月雨雷震電且永昌無二年二當作元史文誤也）

咸和四年十二月雨震電（同治府志據晉書作十一月無雨字宋書作十二月亦無雨字）

九年五月癸酉白獺見吳縣內史虞潭獲以獻（按宋書云咸和九年五月白獺見吳國縣內史虞潭以獻蓋一事而異說耳）甲戌

吳縣吳雄家有死榆樹因風雨起生（同治府志）

咸康七年吳山嶺西村民王夏家木生連理太守王恬以聞（顧嘉譽橫山志）

建元元年七月庚申災風（同治府志引晉書）

永和元年八月白麞見吳縣西界包山獲以獻（同治府志引宋書）

太和六年大水稻稼蕩沒黎庶饑饉（同上）

咸安二年徙海西公於吳縣西柴里大旱（乾隆縣志）

寧康二年三月大水（同上）

太元二十一年五月白烏見吳國獲以獻（同治府志引宋書）

隆安初年皋橋上夜有一狗兩三頭向前亂吠（同治府志雜記引晉書）

四年十二月太白在斗晝見至五年正月始隱（吳門補乘引宋書按天文志云占曰吳吳越至五年二月孫恩攻句章爲亂拒之五月與郡內史袁山松出戰爲所殺死者數十人）

元興元年七月大饑人相食戶口減半（同治府志引晉書）

義熙十一年吳郡大火（同治府志雜記引晉書按志云王宏時爲吳郡太守在廳事見天上有一赤物下狀如信幡遙集路南人家屋上火即大發宏知爲天災故

不邪火生又半塘童子墳生青蓮華按後詔建法華寺

十二年六月吳郡大水吳門補乘引文獻通考

宋元嘉二年西洞庭華山寺池中生千葉白蓮花乾隆志六月丙午吳郡大風山水殺居人吳門補乘引金陵志

七年十一月太湖水溢乾隆志

十二年大水同治府志

十三年二月甘露降吳縣武康董道益家園樹同治府志引宋書

十七年劉斌爲吳郡郡堂屋西頭鴟尾無故落地治之未畢東頭鴟尾復落頃之斌誅同治府志引宋書

大明二年六月白雀產於治平寺太守王翼之以獻於朝有白雀頌據嘉慶橫山志

七年春太湖旁忽多鼠其夏水至悉化爲鯉魚民人一日取輒得三五十斛明年大饑同治府志

七月月入南斗魁犯第二星吳門補乘引宋書天文志云古占大人憂吳郡當之

太始七年木生連理同治府志

齊建元元年二月吳郡大水（吳門補乘引南齊書）

永明四年春二月大風吳郡偏甚樹葉皆赤（吳門補乘引通志）

建武二年雨傷稼自是三年四年每秋七月八月輒大風發屋折木殺人（同治府志）

永元三年夜天開黃色明照須臾有物絳色如小甕漸大如倉廩聲隆隆如雷墜太湖中野雉皆雊（同上）

梁天監初年有祥雲擁陸倕瓚宅（乾隆府志按梁衛尉陸倕讚因祥雲現遂捨宅爲重雲寺宋改永天寺元加能仁二字今沿宋舊名）

承聖元年十二月星隕吳郡（府志引南史）

隋大業十二年五月癸巳有大流星從北來磨拂竹木皆有聲至城下隕地時劉元進舉兵據郡見而惡之令掘地入二丈得一石徑丈餘後數日失石所在（同治府志引隋書）

唐貞觀三年秋水（同治府志）

十二年旱（同治府志引新唐書）

大足元年七月地震（同治府志）

開元十四年秋大水漂壞廬舍（同治府志引舊唐書）

大曆二年七月大風海水飄蕩州郭同上

貞元六年夏大旱井泉竭人暍疫死者甚衆同治府志

七年火同治府志引舊唐書

元和三年秋旱同治府志

四年十一月旱儉同治府志引舊唐書

十二年六月水害稼同治府志

長慶元年四月有大星隕於吳聲如飛羽同治府志引新唐書

四年夏水太湖溢同治府志

寶歷元年六月己巳水壞太湖隄水入州郭漂民廬舍十一月戊申水傷稼同治府志引舊唐書

太和四年夏蘇州水入郡郭溺廬井同上

五年六月辛卯水害稼同上

六年二月大水地震生白毛同治府志

七年十月辛酉水害稼同治府志引舊唐書

開成三年水溢入城同治府志

咸通中有異鳥來棲橫山溪上賀織布家四目三足其鳴曰羅平萬日傳報而不驚冉冉飛入雲中而沒明嘉靖吳邑志

中和二年二月馬生角同治府志引新唐書

乾寧二年四月辛卯雨雪同治府志

後唐同光四年大水水中生菜如豆民取食之同治府志按同光無四年四當作三

石晉天福五年大水同上

宋太平興國三年甘露降於瑞光禪院時有白龜見合歡芍藥雙竹知州陳省華以四瑞聞於朝乾隆縣志引宋史

咸平元年蘇州廨後園禾生合穗同治府志

大中祥符四年九月太湖溢同治府志引宋史

乾興元年水無禾田生聖米居民取以食同治府志

天聖元年太湖溢同上

嘉祐五年七月水同上

熙寧六年六月龍見於郡東方黑龍一北方白龍一雲氣盛作而不雨獨承天寺雨一寸同治府志續記引吳郡志

七年太湖水涸同治府志

元豐元年七月四日夜大風雨潮高一丈餘漂蕩尹山同上

四年七月太湖溢同上

紹聖元年秋海風害民田同上

二年夏秋地震同上

元符二年冬水同上

崇寧四年水同治府志引宋史

大觀元年冬十月辛酉地震是年水同上

政和元年冬大雪積丈餘洞庭山橘皆凍死吳門補乘引具區志又初年學中有一立石終夜放光學官上其事於州知州盛章作瑞石頌奏達朝廷乾隆縣志

三年四月火延燒公私屋一百七十餘間同治府志引宋史

五年八月水同治府志

建炎四年六月淫雨害稼吳門補乘引宋史

紹興元年大疫流屍無算同治府志

三年地大震同上

四年六月淫雨害稼同治府志引宋史

七年春辛卯夜間東北有赤氣如火吳門補乘引弘簡錄按是夜高宗在平江

十三年三月望大雪盈尺同治府志

二十八年七月大風雨湖漲數百里壞田廬是歲饑同上

二十九年大饑同上

隆興元年八月大風水是歲大饑同治府志引宋史

二年七月大水浸城郭壞廬舍圩田軍壘人操舟行市者累月積陰越月是歲饑同上

乾道元年大饑同治府志

六年五月大水同上

淳熙元年穹窿山一夕闘風雨舞山石自移從東徙西屹立如植惟所過草皆偃乾隆縣志

二年夏秋之交天久不雨所在苦旱同治府志雜記引吳中舊事

十二年八月有蟲聚於禾穗油灑之即墜一夕大雨盡滌之同治府志

紹熙五年八月水同上

嘉定十六年五月水害稼漂民廬圮城郭隄防溺死者甚衆同上

寶慶三年七月大風府學殿閣並圮儀門樓門俱壞乾隆縣志

咸淳七年饑同治府志引宋史

八年四月初八日浙水西地裂逼白吳門補乘引金陵志使浙水西即吳郡地裂即白毛

元至元二十三年六月水壞民田同治府志

二十四年饑同上

二十八年饑同上

二十九年六月水同上

大德三年六月水同上

四年饑同治府志引元史

五年七月朔大雨太湖水挾颶風湧入城中路學廟堂崩縣治公署民居多捲入半空死者十八九乾隆縣志

十年五月水害稼七月大風海溢同治府志縣民王佑家酒甕忽作雷鳴以物覆之則止去覆又鳴三日乃已八月高鄉蝗災乾隆縣志

十一年吳中螽厄如蝗平田皆滿稻穀蕩盡明年海賊薦九六大肆剽掠殺人流血同治府志錄記引平江紀事

至治二年十一月大水損民田四萬九千六百頃府志引元史

天歷元年八月水沒民田同治府志

二年冬大雪太湖冰厚數尺人履冰行洞庭橘柑悉凍死吳門補乘引吳縣志

至順元年八月大水冒村郭淹民田饑饉相藉十月大風太湖水溢乾隆縣志

三年九月大水同治府志引元史

至正二年大水田禾渰沒大風駕太湖水湧入民廬頃刻倒蕩名曰湖翻乾隆縣志

二十二年縣民張明二家豕生白象三日而斃同上

二十五年連歲大水同治府志引元史

二十八年饑同上

二十九年水同上

明洪武六年饑同治府志

八年十二月水乾隆縣志

十一年七月海溢人多溺死同治府志

二十三年七月大風拔木揚沙土阜邱園皆坍沒乾隆縣志

永樂二年五月同治府志作六月大雨田禾盡渰同上

六年戊子蘇州癸桁花爲瑞詔切責之吳門補乘引明紀會纂

十三年旱同治府志

洪熙元年夏積雨傷稼同上

正統三年六月縣學泮池瑞蓮一莖三花八月太湖水忽漲四尺許浸洞庭山麓尋退乾隆縣志按父老云太湖不通潮又無風雨而漲事必有異及鄉試東洞庭施槃中式明年狀元及第

四年七月大風拔木殺稼八月水溺死男婦甚衆同治府志引明史

八年大風雨傷稼承天能仁寺災乾隆縣志

九年春饑七月大風雨太湖水高一二丈沿湖人畜廬舍四望無存東西洞庭巨木盡拔同治府志引乾隆縣志

十四年大水饑乾隆縣志

景泰五年正月大雪連四旬凍餓死者無算夏大水漂沒田廬至秋亢旱高鄉苗槁大饑大疫同治府志參乾隆縣志

六年夏地震亢旱歲大饑沿橫山樹木斬伐殆盡顧湄纂橫山志

成化四年六月府學明倫堂前方池中蓮花一莖發四蕊乾隆縣志作是年秋賀恩發解

十年五月東山蛟水暴漲法海寺金剛漂出谷口吳門補乘引具區志

十一年四月地震八月大水顧湄纂橫山志

十二年八月水十二月大冰船不行者踰月太湖亦阻凍乾隆縣志

十四年四月縣境諸山有虎五月大水閶門一朱姓者夏夜見正北雲際一龍頭大如屋精光燁然背立一人披髮又白蓮橋漁人網得一物龍首魚尾目赤如火四足類鴨狀如犬漁人怪之鞭數百不死同上

十九年元旦大雪三日始霽治平楞伽吳山一帶樹枝凍結如瓔珞一春陰秋禾大稔姻嘉學滸山志

二十三年吳縣湯惟信家雄雞生卵二申野錄

宏治二年七月星墜有聲如雷九月木蔭民張忱家牝雞化為雄十月望寅卯時有星自西北至東南大如車輪光焰如晝照地響聲三百里乾隆縣志

三年閶門民家井水味同美酒歷五日如常同上

五年春雨至五月大水太湖汛溢田禾盡沒民多流徙大疫同上

七年大水五月十七日蘇州衛印無故熱如火手不可近凡四日而止同上

八年饑同治府志

十六年二月和豐倉月字廒災三月和豐倉來字廒又災四月雨雹五六月大旱禾稼槁死

民大饑八月和豐倉國計堂災十二月雪深四五尺洞庭諸山橘盡死無遺種乾隆縣志

弘治間太湖濱小山自移離舊址約數畝又胥門韓氏畜母猪生子豕身人首同上

十八年九月甲午地震同治府志

正德元年狐精夜擾城鄉多被利爪傷胸徹夜鳴金伐鼓禦之乾隆縣志

四年饑同治府志

五年夏大風從東南來太湖東偏水涸三十里吳門補乘引貝氏志按志云羣兒從湖底拾得金球器物及古錢水涸日不近人共爭之陂入復取至三日有聲如雷水如雲山崩壁復不無少長皆沒十一月水同上

七年三月八日地震有聲生白毛長二寸許閶門虹橋燬乾隆縣志夏夜大雷雨雷火焚報恩寺

浮屠兩級是年旱同治府志據記引吳門補乘

十年大水三月六日洞庭東山柏樹有露如脂其味如飴乾隆縣志參類嘉靖橫山志

十二年大雨殺麥禾同治府志

嘉靖元年春旱河渠枯涸三月至六月大雷雨成巨浸七月二十五日巳時天冥風雨雷電

交作一晝夜飄瓦捲屋喬木盡拔具區水嘯沿湖室廬人畜漂沒間有少壯附木隨風著岸得生云浮沈水面但見滿湖皆火乾隆縣志

二年五月大旱民不得稼六月太湖有龍與蚌鬭三四日夕乃息久之漁人於西山側得死蚌一其殼可貯粟四五石七月三日大風拔木湖溢漂溺民居八月大水同上

三年正月辛巳地震同治府志

四年夏秋旱蟊生禾根食禾幾盡十一月横金農孔方爲下産肉塊剖視之一兒宛然十二月地震遍生白毛乾隆縣志

八年六月十七日蝗飛入境傷稼高鄉豆竹無存七月十九日大風雨三日夕皆死十月金鄉諧院旁民家老雄雞作人語同上

九年旱同治府志

十七年三月戊寅蘇州地震有聲吳門補乘引明紀實録

十八年四月二十二日卓午忽有火塊大如箕墜於郡治廳事之涼棚上俄頃烈焰騰起延至正堂及後廳架閣庫東西兩廡悉付煨燼萬人海集莫能救止修葺累年始完亦一時

之變也同治府志雜記引姚川識往

二十年五月東山有虎傷人蔡長興處人射死於法海塢吳門補乘引孔區志

二十四年大旱太湖水縮民有得軒轅鏡於岸者是歲饑大疫乾隆縣志

二十八年春太湖泛溢同上

三十三年三月日出時有物叢之如月魄光四溢如綠地震出白毛長三尺四月二十三日夜二鼓有如日西北高丈餘有頭方墜大旱同上

三十四年冬民間相驚狐孽久而息同上

三十五年十月天鼓鳴其聲如雷同上

三十六年二月大風從東南來洞庭兩山間水盆所約壁立如峻崖東偏悉乾人競入淖搜物至三日水至溺死無算夏有妖人翦紙作狐蹤針其爪夜入人家傷人面目或潑水盆炤見輒墜後獲妖人笞斃乃息同上

三十八年夏大旱七月方雨歲大旱八月二十二日巡撫行禜災乾隆縣志按時巡撫社節錢倡捐賑著

四十年大水高底盡沒城郭公署傾倒幾半疫癘夭札交并水至明年二月始退乾隆縣志

隆慶元年大饑同治府志引明史

二年正月朔大風白晝晦冥乾隆縣志

三年四月盤門內劉氏庭間開合歡牡丹夏大水傷稼民饑同上

萬曆三年九月水同治府志引明史

五年六月大雨寒如冬傷稼同治府志

七年大風雨湖水洶捲高低盡沒十月四日並出晡時輒相摩盪彌月乃止乾隆縣志

八年冬大寒太湖冰自胥口至洞庭山下阜至馬蹟山人皆履冰而行吳門補乘引具區志

十年七月十五日大風雨拔木太湖嘯溢歲殺乾隆縣志

十二年秋稼豐稔同上

十三年歲稔同上

十四年大稔同上

十五年五月至秋七月淫雨傷禾麥同治府志

十六年大旱太湖爲陸地同上

十七年正月十六日府治災夏大旱赤地無青太湖石湖皆涸行人競趨足至揚塵乾隆縣志

十九年六月大水溺人數萬秋七月海溢同治府志

二十三年三月二十九日雷震閶門譙樓西南螭首劈碎柱石吳門補乘撮編引野獲編補乘撮編云適是日吳邑侯袁中郎宏道上任先是民謠曰吳縣知縣鐵爺爺分付閶門人家家防火燭報登郎官上應列宿天戒以示儆歟

二十八年五月十四日雷火大作焚巖山塔緻中燃焰三日夜寸木皆燬而甎壁獨存九月二十五日戌時地大震自西北至東南廬舍搖動颯然有聲乾隆縣志

二十九年夏淫雨傷麥是歲饑民毆殺稅使七人同治府志

三十四年六月二十九日夜有大星明如月從東北墜下聲若雷十二月十日閶門城樓災乾隆縣志

三十五年五月中每夜西南天起一星光亘五尺至八月中始滅同上

三十六年自三月二十九日至五月二十四日淫雨傷稼廬室漂蕩六月有蟲如蚊而大驀聚空中望之如烟霧聲嚶如雷經月忽不見積水中生細蝦無數饑民取食同上

三十七年二月十日夜閶門城樓災延燒至城內五百餘家次夜始息八月二日有巨星見

西北方三日復見上同

三十八年元旦開元寺大殿災上同

四十五年七月夜南天有白氣長數丈廣數尺月餘始滅十二月二十八日大雨雷電上同

四十六年正月十日大雪雨晝夜方霽九月二十五日夜南天有白光如虹長四五丈廣四五尺十月四日夜雷電大雨十日有星大如斗光長二丈餘日出不見月餘始隱十一月十五日縣治前後堂及庫災上同

泰昌元年八月日晡時每有數日相磨盪月餘止十月二十日夜雷雨大作二十一日夜大雷電上同

天啓四年二月二十八日天黄日淡無光有黑子磨盪日旁空中叫噪如萬馬奔騰三月多陰雨五月淫潦農田渰沒者十之八上同

六年七月朔大風拔木傾垣秋多水十月朔府治仕學所耶庫災十一月十日夜大雨雷電上同

七年正月二十一日雷電晦冥雪積盈尺後三日雷雪復作六月十二日夜有星大如碗從

東入西冉冉而去八月田中生蟛蟲傷稼二十四日至二十八日花山甘露降巖谷林木遍滿十二月十四日大雪連二晝夜積三尺餘同上

崇禎二年四月二十九日午時地震閏四月十二日亥時地微震十一月二十一日閶門南濠大火延燒三百餘家兩日方息十二月十四日巳時地震日生兩耳一時昏晴歲大殺同上

六年二月七日雨雹旱六月二十五日大風雨喬木盡拔學宮寺院皆頹裂坊杆墜折倒屋圯垣無算城堞亦崩陷瑞光塔頂墮毀秋又旱高鄉歉收同上

七年三月十三日黎明地震有聲從西北來四月七日酉時大雷電雨雹秋生蟛蟲食稻苗

九月十八日大風拔木同上

八年春夏秋俱水低鄉半渰九月生蟛蟲稼歉收同上

九年夏大旱大熱行人多冒暑僵死同上

十一年四月十一日閶門外民居火延燒虹橋秋旱蝗從東北來沿湖依山苗稼被災同上

十三年大饑同治府志

十四年自正月至三月多大風夏麥產瑞麥一莖方尺兩歧長二寸狀如珠纍五六月旱蝗秋蝗復生蟲禾稼食盡又生五色大蟲嚙菽自四月至冬比戶疫癘死者什七乾隆縣志

十五年二麥大稔同上

十六年旱同上

十七年渡僧橋至沙盆潭虹橋河水皆黑數日如故同上

清朝順治二年閏六月每夜星隕如雨七月漸稀同上

四年春行夏令禾稻生蟲同上

七年秋大雨田禾盡沒同上

八年自夏至秋霖雨不止高低鄉盡沒鄉民轉徙村落成墟同上

九年正月三日大雷雹歲大旱同治府志

十年六月己卯大風雨海溢平地水丈餘人多溺死同上

十一年六月八日夜有紅星光芒丈餘狀如帶與小星相隨東南隕至西北乾隆縣志

十二年七八月無雨九月初旬隕霜三朝穀秕歉收同上

十五年八月丁丑地震九月大水同治府志
十七年旱無收乾隆縣志
十八年春雨夏旱同上
康熙元年歲大稔同治府志
二年夏旱秋淫雨下田多淹同上
三年七月甲午海溢同治府志八月二十二日大風十月彗星見乾隆縣志
四年秋海溢同治府志
五年十二月丁未朔蘇州地震越八日甲寅又震同上
六年秋冬河涸乾隆縣志
七年三月太湖有三龍鬭一金色一青一白鬭良久二龍敗去惟金色者遊行自得時風濤大作雷雨交助遂成巨觀同治府志引蘇州府志纂記
九年二十八日夜星隕如雷二月五日雨雪六月三日雨雪十二日大風太湖水溢平地水高五六尺田禾淹没流民載道乾隆縣志

十年大旱田禾盡槁上同

十一年七月飛蝗蔽天不傷稼八月蝝食禾癸亥夜蘇州地震同治府志

十三年夏大水堤岸盡沒水鄉大饑乾隆縣志

十五年五月朔太白晝見十月初四日雷電十一月二十八日卯時地震有聲如雷從東南至西北是歲饑上同

十六年正月朔雷同治府志

十七年二月初三日太白經天至初五日止四月初五日未時地震有聲夏旱歲稔乾隆縣志

十八年正月朔雷電夏旱自五月至八月飛蝗傷稼同治府志

十九年正月朔夜雷十五日雷雨沙日月光俱赤暴雷震死胥江漁父五六月大疫秋霪雨低田悉水歲饑乾隆縣志

十月彗星見東南彌月滅十一月彗星又見西北白氣如虹長竟天後漸短至十二月滅

二十年歲大稔同治府志

二十一年歲大稔上同

二十二年春淫雨無麥十二月雷電同上
二十三年秋陰雨禾稻多腐乾隆縣志
二十五年春三月雨黄沙麥枯死秋田禾少收同上
二十六年秋大風傷禾七月雷電迅雷大雨三日縣諸山出蛟者六十餘所穹窿山半夜大風拔木大石飛走自山頂開成一溝直至太湖近明田畝盡沒同上
二十七年七月蟲食禾同治府志
二十八年正月二十八日午時日生兩環一紅一白秋禾稻生蟲歲大歉冬彗星見乾隆縣志
二十九年秋歲稔冬嚴寒大雪河道冰斷人畜樹木凍死同上
三十年春寒多雪交夏時雨忽降高低鄉盡得種稻有秋同上
三十四年夏多雨傷稼同治府志
三十五年七月二十三日狂風大作猛雨傾盆横山出蛟同志參横山志
三十六年正月癸丑朔雷秋大水同治府志
三十七年七月癸巳大風拔木平地水丈餘同上

四十三年正月二十日雷 上同

四十五年歲大稔 上同

四十六年大旱自四月不雨至於七月七月四日地震木瀆民謂某家女子化爲丈夫 上同

四十七年大水 上同

五十一年十月雷 上同

五十二年十月初五日閶門外南濠火延燒二百餘家弔橋擁擠人不能出入至立而自斃及墮河死者三百餘人 乾隆縣志

五十三年六月大旱 同治府志

六十一年夏亢旱稻皆枯槁七月初三日夜有白光自東南至西北長亘天闊數里內有星無數光照暗室壁上細字淸晰可誦霍然作聲逾時乃止 乾隆縣志

雍正元年夏旱六月十八日夜星隕 同治府志

二年五月蝗八月己丑海溢 上同

三年歲大稔 上同

四年八月淫雨敗穀至五年三月始霽同上

五年十一月木冰是歲大稔同上

七年歲大稔同上

八年五月水十一月二十八日地震同上

十年七月大風雨海溢平地水丈餘漂沒田廬溺死人畜無算同上

十一年疫癘大作人死甚衆乾隆縣志

十二年四月十六日冰雹大作春熟減收同上

十三年七月初十日龍見於城內城隍廟拔廟前旗干有行次西美巷者吸至空中墜於采蓮巷約去里許百花洲水飛越女牆同上

乾隆元年冬十月梅杏桃李皆花至來春花仍茂同上

三年九月壬子大雨雹傷禾同治府志

四年四月丙戌大雨雹損麥同上

七年八月范文正公祠內瓊花獨放乾隆縣志

八年秋有星見室壁光冲四五丈自西向東三月乃止同上

十一年正月木冰六月丙子己卯庚辰三日雨雹同治府志

十二年七月壬寅颶風海溢同上

十九年五月初十日夜半閶門外大火自釣橋至釣玉湖延燒二百七十餘家吳門補乘

二十年二月至四月雨麥苗腐六月大雨螟蝻生傷稼十二月庚子朔地震同治府志

二十一年大疫貧民剝榆樹皮為食同治府志十月初六日閶門外施家浜大火同日胥門外日暉橋亦火吳門補乘

二十七年七月大風雨積水經月下田盡淹同治府志

二十八年五月甲申地大震同上

二十九年正月丁巳地震五月己卯地又震同上

三十年正月甲寅地震同上

三十三年自三月至八月不雨東太湖涸四月乙亥雨雹同上

三十四年六月雨太湖溢平地水數尺漂沒田廬是歲饑同上

三十六年十二月戊寅大雷電（上同）

四十年夏秋無雨西山人家竹生實紅如枸杞東太湖紙圻有龍骨一具橫陳湖底頭角皆備色正白錢思元得數塊餽之點舌治弄傷神效（同治府志雜記參吳門補乘）

四十六年六月己丑颶風大作海潮至竹江（同治府志）

四十七年六月庚寅地震（上同）

四十九年大有年（吳門補乘）

五十年大旱河港涸蝗蝻生歲大饑（同治府志）十一月初石湖中每夜聞人聲喧嘩如數萬人臨陣鼎沸數里左近居民驚起聚觀則寂無所有第見紅光數點隱見湖心而已（錢泳叢話）

五十一年大疫（同治府志）

五十五年十二月壬戌大雷電（上同）

五十七年五月癸卯晦地震冬無冰（上同）

五十八年楓橋浜高家橋顧姓爲兒恭歲使庖人殺母雞方執刀劃然自鳴人皆詫之及烹熟和麵食之受毒者四十餘人三人立斃蓋此雞已畜七年矣（錢泳叢話）

五十九年五月龍鬬於空中風雨驟至天昏地黑掀坍洞庭湖濱民房無數壓斃若干人（同治府志漢紀引周升五雜記）七月壬辰大風仰屋舍寒如冬（同治府志）

嘉慶元年正月丙辰丁巳雪苦寒傷果樹（同上）

九年五月雨積水彌月傷稼（同上）

十九年旱地生黑毛（同上）

二十一年大水（太湖備考續編）

二十二年背門來邁橋潘姓家有老鶴巢於庭樹聞其聲頗類人言似言某處有藏金乃於後園掘地果得之自此致富至道光二年潘姓失火老鶴庭樹亦俱焚死（錢泳履園叢話）

二十三年五月甲子大雨雹（同治府志）

二十四年五月初八日有龍見於洞庭東山損舟舉落凡十三條觀者如堵須臾油雲四塞大雨如注龍亦不復見矣是日一雨至六月七月八月皆無雨高田乾涸農民苦之八月初大府尚為祈雨（錢泳履園叢話）

道光元年大疫（同治府志）秋蘇州有雞異者甚多一雞兩翅上俱生爪有五爪者皆飛上天（錢泳履園叢話）

三年大水歲大饑七月甲戌玉遮山裂（同治府志）

十二年自夏徂秋颶風不雨（徐傅光緒志）

十三年淫雨害稼（同上）

十九年大除夕雷電大雨熱甚（同治府志）

二十一年冬大雪平地三尺（同上）

二十二年夏翠峯塢發蛟大雨山水暴注壞翠峯寺金剛蛟窟在六角亭側巨石聳起長十餘丈（太湖備考續編）

二十六年六月乙丑地震（同治府志）

二十七年夏有黿千百浮太湖來聚豐圻白馬廟前湖灘數日乃去（太湖備考續編）十月辛亥地震（同治府志）

二十九年夏大水平地水深一二尺田廬漂沒（同治府志續記）

咸豐二年十一月壬子地震（同治府志）

三年蘇州城北某氏家有剪雞毛者（吳兆麟述珠仙館筆記佚記云時有喧傳剪雞毛者人不之信一夕城北某氏全家外出惟幼婦守舍睡覺夜

分屆閭中婦婦有聲疑其鼠竊擾食起逐之暗中覺有物觸手而捉燭之乃一紙人倒仆於地一紙手執剪一手執雞毛狀如貓形質宛然而呼鄰近共觀此相驗與紋明閒鄰咬得爭捉所篇之鎖無不致剪

五年十月辛丑地震同治府志

六年夏大旱七月蝗從西北來如雲蔽空傷禾同上

七年七月飛蝗大至同上

九年五月大雨傷禾田中出蟲名曰稻蠶同上

十年二月淫雨竟月三月乙亥大雪同上

十一年十二月大雪平地積四五尺太湖冰半月乃解太湖備考續編

同治元年東山有野豬壞塚墓食田蔬孳生歲益繁鄉人蔡出捕逐十餘年乃絕太湖備考續編七月甲申飛蝗自北至南有雷聲遂去同治府志

二年二月二十八夜雷六月大旱王庚雪花汀館吟草

三年六月己卯大雨雹颶風大作龍鬭傷民居無數同治府志

十一年三月雨雹大如拳太湖備考續編

十二年二月十二日大雷雨（尤勺山編閏小草）夏旱小北湖僅通河槽旁發泅（太湖備考續編）

十三年五月下旬至六月中旬每黃昏時彗星見於西北方黎明復見於東北方（徐芬采訪冊上海縣志）

光緒二年六月地震七月民間訛言紙人魘魅徹夜譫擾蘇人獲妖人馮阿土伏法乃定（太湖備考續編）

三年五月二十三日大風屋瓦皆飛（費尤澍宇齋詩餘）

四年十一月初八夜白虹貫月（徐芬采訪冊上海縣志）冬至後無九不雪積算約二尺餘河冰不解者彌月（袁閒升編非山房偶錄）

五年六月瑞光寺塔尖大風吹折（閔獻廷日記）十一月初八日虹見（徐芬采訪冊上海縣志）

六年三月初五日白虹長亘天（同上）

七年六月彗星見於東北方十月二十三日虹見（同上）

八年八月彗星見於東方（同上）

九年暮春按察司衙齋後植牡丹忽放綠萼鮮葉一色（譚馮許郎續詩序）四月二十日黃昏白虹亘

天十月朔日出時紅光燭天歷一刻許日入時亦然月餘乃止徐芬宋訪冊參上海縣志

十一年十一月二十一夜有星隕於東北方如雨同上

十四年秋疫太湖備考續編

十五年淫雨自八月至十月穀未穫盡渰沒同上

十九年冬大雪嚴寒太湖冰厚尺許雖力士椎鑿不能開船有下碇湖心者膠固不動糧絕懸飯籮梲端見者遣人賫米一二斗乘浴盤或板門從冰上搡往濟之湖中冰山瑩瑩如瓊樓玉殿相望如是者旬餘及冰將釋有小蛇馳騁冰上蛇所至冰即釋先是夜間有鐘管聲如鈞天廣樂傍湖人家俱聞之以是卜明日冰釋不爽既釋冰片大逾門扉隨風冲上太湖沙灘高若積薪遥望如水晶假山堆列湖邊行舟不戒被冰乘風撞沈被破往往有之徐虹光香山小志

二十四年七月初三日天鼓鳴初四夜子時黑虹自西北方亙東方初八日卯時又自西南方亙東北方十月十一日白虹見亥子之間十一月初九日夜東南方又見徐芬宋訪冊參上海縣志

二十六年三月十五日卯時天明復黑周厰組日記九月朔夜彗星見於東南方同上

二十七年八月十六日黄昏白虹貫月九月十六日申時白虹貫日同上

二十八年五月二十七日黄昏黑虹自東南方亙西北方七月十五日辰時白虹貫日同上

二十九年九月初一日穹窿山大火曹實甫采訪冊參周樹屾日記十二月二十八夜白虹亙天徐芬采訪冊參上海縣志

三十年正月初三夜亥子之間黑虹自東南方亙西北方六月廿五夜黑虹亙西北方俄見白虹徐芬采訪冊參上海縣志二十五日胥門客棧內有陳姓者身穿樹葉乘綠呢大轎拜謁巡撫端方聞知以其妖異遂誅之周樹屾日記十二月十二夜丑初白虹貫月徐芬采訪冊參上海縣志

三十三年六月十五日辰初酉初白虹貫日二十夜彗星見於東北方同上

三十四年六月二十四夜彗星見於東方十月二十四二十五兩日卯時白虹貫日同上

宣統二年三月二十八日地震四月十九日人家喧傳有剪雞毛者六月初二日大風吹覆桑市橋河乘船溺死楊辛生周樹屾日記

三年五月初九夜亥時天鼓鳴十四日黄昏白虹見六月彗星見於東南方光芒直射西北數丈八月太白晝行同上

長洲縣（唐萬歲通天元年前俱入吳縣）

唐乾符元年郡城東禪院古佛像忽放紅黃青紫毫光（同治府志續記引圖經續記）

吳越錢氏時有仙泉出於陽山白鶴寺（同治府志寺觀）

元符二年郡城北石幢空地作怪（乾隆長洲縣志按志云石幢唐徐浩書宋縣守陳師錫徙載府錦鄉入夜過河上者多見鬼物乃相與請於州徙置他處其怪遂絕）

紹興二年秋八月地震自西北來樹木皆搖動（同治府志）

三年地大震地生白毛韌不可斷（吳門補乘）

六年三月二十一日虎阜有常州僧法道抱病入延壽堂忽變形作餓鬼頭窄額青口吐猛火人以食與之則呼曰鐵丸也不可食（顧湄虎阜山志）

紹熙元年縣西北滸墅彭華鄉麥秀四岐（同治府志）

慶元二年十二月金鷄鄉銅錢百萬自飛（按金鷄鄉屬長洲縣府志縣志均作吳縣誤）

寶慶年間虎阜龔氏墓舍大享堂有虎十餘踞為食息之地（吳門補乘引癸辛雜志別集）

戊子歲虎邱劍池每每乾暵（吳門補乘顧湄引見聞齋）

元至元二十五年大水吳門補乘

元貞元年五月水九月大水同治府志

至正八年六水吳門補乘

十五年正月二十三日酉時東方有黑氣一縷彷彿類人馬前後火光若燈燭者無算自東至西北方是夜葑門至齊門居民屋瓦悉揭去牀榻屏几俱仆醋坊橋董家雜物飾失白米十餘石甃一缸不知墜之何地同治府志引輟耕錄

元季虎邱山寺閣版上有一竅當日色晴明以數寸白紙承其影則一寺之形勝悉於紙上見之但其頂居下此理殆不可曉也同治府志雜記引陸樹聲虎邱志據來集之倘湖樵書云明永樂六年有以塔影倒射為瑞者奏聞文廟敕守臣李綜云六塊之間有形之物無不有影塔影倒懸者蓋緣天光射隙中影隨天光而倒處處皆倒非特塔影萬物皆然以為瑞則等觀之塔影果為瑞乎果非瑞乎則轉非不自知但奸邪之心朋比阿上恣無忌今姑置法有罰以儆後自斷其深省之得矣又虎邱白蓮池水忽作紅色其明年淮張適至而山中為之一擾時以水色之變為先兆同治虎邱志

明永樂六年水吳門補乘

正統十四年正月初六日太湖中大貢山小貢山鬬鬨數次又共沈於水起復鬬險時乃

止觀者如堵凌壽祺研豎閣志

成化十八年春吳中疫癘盛行田野尤其五裕逕有一家七八人死無子遺無人爲殮吳門補乘

嘉靖七年大旱吳門補乘引枝山語怪

隆慶三年夏月龍見陽城湖中舟攝上從空下是年有秋[illegible]志

萬歷初年滸墅王序三家豢一豬已二載一日銜其主衣裾行異之隨其所往以喙掀土出遯金十兩取之家遂大饒研豎閣志

十八年九月初四日午後永昌地方忽雨大雹間有如斗大者次如升田間道路之人被傷頭耳甚多垂成稻穀壓折墮地吳門補乘引王象晉羣芳譜

清順治十四年秋郡中有物似貓犬作虎形狀同治府志誤紀引老圃閒談按志云[illegible]湖姓宏臥一榻夢方覺忽有物如貓犬欲突入牖中驚衆以燈大呼舉火燭之則如虎跳躑踰水淋之乃見本形竹爲骨紙爲衣絲絡爲足中實以草作虎形四足皆畫符籙腹中書曰有求千變萬化無窮造出應來中一紙包釘頭線蓋有尾頂有一小蟲在此自郡城至吾邑處處皆然蓋有妖人爲祟宋縣令捕其魁治之始息

康熙五十二年十月同治府志誤記作十二八十八日有虎自齊門入城潛於王氏日涉園中傷害人無

算官民不能捕賜至圍旁一草舍內獵戶登屋以毒藥置銃內始殺之乾隆吳縣志

雍正二年春夏間蝗蝻生爪[illegible]

乾隆二十一年十月初七日申刻承天寺前大火一晝夜延燒六百餘家吳門補乘二十七年夏旱旋雨歲大稔[illegible]

三十一年夏積雨寶積寺大殿牆傾露出鐵砲六位敗甕甲無數砲鐫弘光二年鑄順治三年鑄并有麵餅數枚已枯敗不知何緣貯於牆內吳門補乘

三十八年五月十七日三更元妙觀失火燬頭山門金剛殿及雷祖殿吳門補乘

四十四年夏日干將坊黃天爵家切醃蛋一盤暗中有光如螢火移燈視之則無有也逾而樂之未幾天爵夫婦暴卒兩孫相繼而死錢泳叢話

嘉慶九年徐少鶴學士頲巳中鄉榜除夕與其夫人夜飯食白蛤中出一珠如桐子大以爲祥其明年乙丑果中進士一甲第二名同上

咸豐六年六月大旱某夜天裂吳兆麟漫珠仙館筆記二十五年四月初江蘇織造府旗干斗上忽有火毬兩個升上落下更餘便起四更特息如是者五六夜撫軍知之差巡捕官往觀果然

一月前滸墅關雷擊旗干同時擊濁稅房庭柱牆壁與火毬之異不過相距二十餘日耳同上

同治初年大雷擊毀北橋鎮某窩家役耕牛礱米機器後家亦漸落貝先璐遺珠仙館雜記

光緒七年十一月壬子長元縣學大成殿災陶榮光及元縣學大成殿記

二十五年地生黑米民間發難有被剪去其尾者周懋齋日記

二十七年二月十五日落黃沙三月二十八日地震六月十九日至二十一日連日大風拔樹坍屋無算同上

三十一年三月十五日冰雹傷麥雷震舊司空巷某家牆壁四月十六日邵磨針巷大樹連根倒地同上

三十三年閏四月十五日夜雷震中由吉巷陸姓廚灶同上

元和縣附雍正三年奉分縣境俱入長洲縣

雍正五年有潮到夾亭俱以為瑞吳門補乘按吳諺云潮到夾亭出狀元自雍正五年狀元彭啓豐乾隆三十一年狀元張書勳三十四年狀元陳初哲三十六年狀元錢棨四十六年狀元石韞玉五十八年狀元潘世恩嘉慶七年狀元吳廷琛十三年狀元吳信中道光十二年狀元吳鍾駿同治七年狀元洪鈞十三年狀元陸

（同治蘇州府志）元俱有[illegible]之應

乾隆三十二年夏有射弓害人（同治府志[illegible]）七月十四日陳湖龍關湖水陡漲滸湖人家俱驚悸奔竄（吳門補乘）

四十六年六月十八日狂風動地大木斯拔至夜尤甚海潮洶湧而來泛溢要江隄岸明日風定沙湖漁舟捕得石首魚數尾（沈藻采唯亭志）

四十九年春吳門東禪寺僧至漁舟以十文買蝦視其錢皆太平通寶啖後悉唾於河蝦皆紅色跳躍而去（[illegible]）

乾隆時縣境唯亭北婁巷有村婦近六旬滿面微鬚與男子無異又陽城湖懸珠村有白龍堂即陽山護濟廟白龍神也每歲龍子來省母湖水陡漲風浪頓作蟠繞於祠鄉人皆得見焉後祠圮里人重建祈禜一矮牆於祠左龍自是不至（沈藻采唯亭志）

二十年除夕唯亭沈方氏買蝦作醢窆調後盜諸錢迨夜取以祀先見蝦醢俱極明亮晶瑩可愛近火則暗（同上）

二十三年五月二十七日婁門外有地名龍墩者出一蛟與龍鬬冰雹大作狂風拔木雨下如注壞民房五十餘家失去男女數人有一人隨風而飛爲龍所攜從空落下不死有一家失去米五十石亦隨風飛去數十里內無一粒遺又一家船四隻牛一頭與船坊牛棚一齊上天不知所往先是龍墩地方有地一塊不種菜蔬不生草木有以稻草鋪其地次日必焦枯如焚所謂蛟者即起此處蛟似狗而大初起時有黑龍自東飛來與蛟鬬良久旋有白龍從北來如佐黑龍者踰時而去近處居民俱所親見錢泳叢話

道光二年夏唯亭沈岵亭偕弟紫滄醵金施蚊帳有老婦踵門乞帳頦下有鬚數十莖長寸許鬚色沈藻采唯亭志

三年五六月間淫雨害稼低區盡行淹沒唯亭街市上水幾有蛙黽共處之既東南一方被災尤甚同上

五年四月雨雹打死婁門外陳橋人家屋上一蛇首有雞冠同治府志

八年十月朔唯亭陳姓召仙火神降壇賦詩云鐵甲顯威風英名鎭遠東雷霆鞭影亂叱咤一聲中烈焰振雲霞天曹路不賒愚心久悶絕溪竹與山花詩畢乩判曰吾今且趕事去

也是夜閶門外鈎玉衖小邾衖方港火燒二百餘家沈藻采唯亭志

十三年七月二十五日風雨大作至夜更甚海潮陸湧水驟漲丈餘低區復淹没同上

十九年四月初二日下午大雨雹間有如斗大者次俱如升如拳道路之人被傷甚衆東南隅尤甚是日吳淞江中龍鬭越三日復降紅沙狀麥變小紅蟲嚙斷麥根垂成無麥幾至顆粒無收同上

二十一年夏六月唯亭吳亦陶家買樹劈之作柴迨夜樹放光色皎潔表裏皆亮宛如水晶貯之水光益明三日後漸暗人咸詫以爲異沈藻采唯亭志致之高士奇塞北小鈔載光木生絕塞山間積雪處而朽爛夜有光遇雨益盛通說謂明竹之可以照物以案長貯水殺之水光殺微雨露日鍍則光漸滅矣又黃山志載有敗光木殆其類歟又唯亭木橋濱有龍蟠旋一子兩頭四嘴口生腑下有爪能昏又施家濱道堂廟前有連理枝兩樹相去丈餘中連接處如一木亘其中上復歧出同上

咸豐十一年五月二十六日夜有彗星自北斗旁直射斗牛之間白光甚長半月始隱陶煦周莊志

同治元年元旦天宇晴霽兩日相輝煜然有更新之象七月初三日辰刻飛蝗蔽天自西北

至東南酉刻復然八月二十九日酉時周莊一帶聞空中作霹靂聲至閏八月初五日薄暮又聞其聲半時始息同上

光緒三十三年六月初四日大風縣境虎邱有飛鳥數千頭被風吹斃者十八日夜月作紅色周莊鎮日記

宣統元年十一月二十七夜亥初地震十二月十四日申時彗星見於西方光芒冲天同上

二年四月初二日縣境將軍廟失火同上

佚名纂

【民國】續吳縣志稿

民國間底稿本

祲祥補編 兵喪之證

周

○赧王三十八年至元王六年崩山虎賊 亦二 亦一

漢

○文帝五年大風壞城官府民室 亦一

○安帝三年十二月二城門自仆 大陵水注一日其門內一西門 亦一

○建武十四年大疫 亦一

○永平八年十月 後漢書下作 後十二月 壬寅晦日有蝕之既在斗十一度

○兵也 兵內補史門後漢志城五行志亦是年大風

○元初六年夏四月大疫 亦一

祥

○陽嘉二年春二月甲申詔以吳郡會稽饑荒貸人種糧。

○永和二年八月庚子熒惑犯南斗。

○興平中橫山北嶺有一童獨立一月號曰黃童

東漢桓帝閶闔門出天下蜂蝶蛾不知其處隨以相逐

以黃龍元年建吳國

三國吳

○赤烏二年陳坐相宅山中生芝

○嘉禾二年六月

○赤烏十年大疫吳上太同病

○天紀三年四月庚寅地震死病

○咸和九年五月癸酉白虹見云云 本之

○咸康七年六[illegible]少生木生連理 本之

○建元元年七月庚申暴風 本之

○永和元年八月白虹見云云 本之

○太和六年大水云云 本之

○咸安二年大旱 本之

○寧康二年三月大水 [illegible]志

○太元二十一年五月白烏云云 本之

梓之

○謹按初學集梅村稿上卷一物祝三頸

○四年十二月太白在斗晝見，至五年正月猶見。

○嘉定十二年吳所大水。吳門補乘乃王鏊所著

○三 嘉定十一年彗星所在大行大災，吳縣尤甚，大陰甚峻。

程自不絕，至宋以為天師，墜在勝事，見天上有一將下。

狀如信幡，道家說雨人家屋上火也。

補此所未

○元至正年間庚辰小寺池中生千葉白蓮花。吳郡志八

○至正六月中，吳郡大風山水暴出，漂溺所人。吳門補乘

〇七年十二月太白明昼见 中方取未八

〇十六年大水雨大：

〇十三年二月廿霹雳云雨大：

〇正(十)年割杖为郡：飞虔云虹鸟尾五色黄云：雨：

〇大水：二年六月甲戌雨雹：大风云：雨：

〇七年春太阴昼见多阴云：雨：

〇其年七月入南斗魁犯第二星 天门相乘郡未尽 二月日大八日 七月十日 相尺公王

〇如此五年不尝过犯雨：

祥之

齐

○建元元年二月，吴郡大水。吴门补乘川開志

○永明四年春二月，大风，吴郡偏甚，拔木发屋。吴门补乘

○建武二年，内像禳之之。府志

○永元三年，夜天開黄气云云。府志

梁

○天监初，有祥光瑞气，偃徘徊充塞。府志

○承圣元年十二月，陨吴郡。府志

唐

○贞观十二年旱。府志

○开元十四年秋，大水，漂溺庐舍。府志

○大歷二年七月大風海水翻蕩州郡府[illegible]

○貞元六年夏大旱云云府[illegible]

○七年大府[illegible]

○元和四年十一月旱儉府[illegible]

○十二年六月水害稼府[illegible]

○長慶元年四月夜有大星隕云云府[illegible]

○寶曆元年六月乙巳水壞太湖堤云云府[illegible]

○太和四年夏蘇湖二州水壞六堤云云府[illegible]

天平六月水雪極雨り　○　宇二月八小　華二月水雪極甚雨り

闕成二年四隋入周り　○

咸通中有旱蝗未幾横小漾上賀後市為此日三丘其為　○　○

巴屑平第月侍改水不覧用入寒中初後我吞大橦以志　○

先元和新賦末禅院于浄宗以枝仁奉員強盡仏始日尚注仏汎

穏寧二年四月辛外雨雪雨り　○

穏宇○同光四年大水三中生菜如豆民取食之雨り　○　○

不旁

失平○妖涵五年大水雨り

失平共周三年甘露侍于瑞光禅院将有白索光倉厳芳禁　○

534

政和初州治有華以四瑞同本称 吴郡志九

宣和二年九月戊夜入瑞山紫氣九十次 府志三

咸平二年苏州廨後圃禾生尺穗 府志二

四年九月湖溢苏州壞廬舍 吴郡志九

嘉祐五年七月水 府志三

熙寧六年六月龍見於郡東方黑龍二北方白龍二 雲

慶曆作而不雨禱而天雨二寸 吴郡志 府志二十六

七年太湖水涸 府志三

祥三

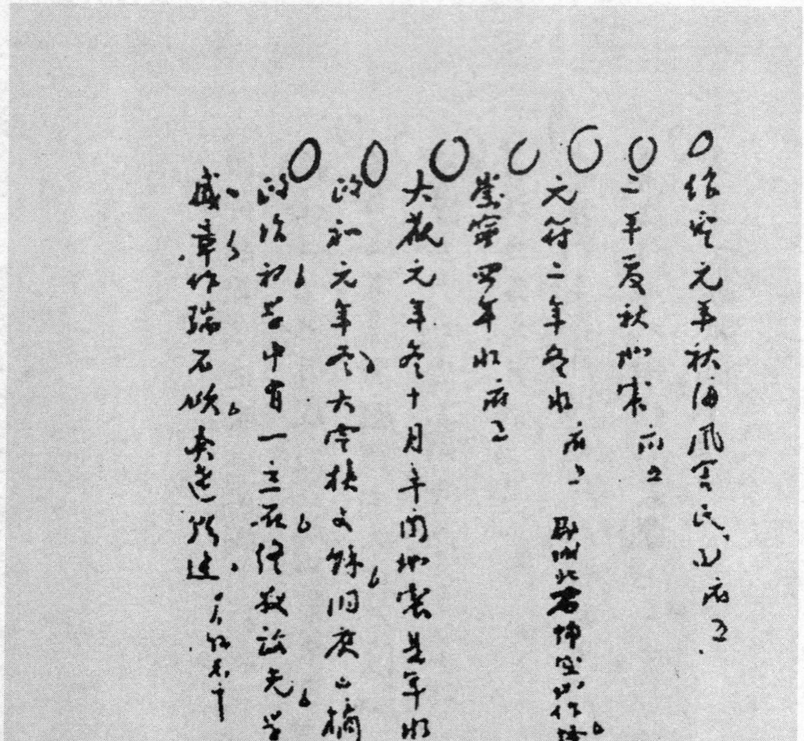

○绍圣元年秋海风害民田 府志

○二年夏秋[illegible] 府志

○元符二年冬旱 府志 [illegible]

○崇宁四年旱 府志

○大观元年冬十月平阳地震生毛 府志

○政和元年冬大寒[illegible]旧[illegible]山橘皆冻死 [illegible]

○政和初省中有一[illegible]夜[illegible]光[illegible]夜上其[illegible]州府

[illegible]章作瑞石[illegible]

三年四月大延烧北城屋一百七十余间 府志

五年八月雨雹 府志

正德 吴 四年（嘉靖以）六月霪雨害稼 吴门补乘外纪史

嘉靖元年大疫流尸无算 府志

二年秋八月五日长洲地震自西北来撼木皆摇动 府志

三年地大震 府志

地生白毛，韧不可断。吴门补乘

四年六月霪雨害稼 府志

七年春，年饥，夜间东北有赤气如火。吴门补乘外纪北闻录

十三年三月地大雪屋尺庐六

二十八年七月大风雨伤损石甲坏田庐呈成饿庐六

二十九年大饿庐六

隆兴元年八月大风雨水成大饿庐六

乾道元年大饿庐六

六年五月大水庐六

淳熙元年己巳实灾小一夕同风雨山石自移往东伏会

屹立如樵析雨过草迷去如此十

○儀鳳二年，春秋之交，大久不雨，所在青草長四寸。 新記卅六

祥也。

○十二年八月有桑（？）生於禾穗云云。志六

○開成元年長洲彭華鄉麥秀四岐。志六

○五年八月水。志六

○嘉定十六年五月水災楊云云。志六

○寶慶三年七月大風，屋瓦皆飛，倒[illegible]忽十[illegible]

[illegible]

○咸通七年饑。志六

○八年四月，湖水西地發[illegible]，[illegible]

[illegible]

元

○至元二十三年六月水漂民田 府六

○二十四年饥 府八 ○二十五年大水 大门捐米 ○二十八年饥 府九

○二十九年六月水 府七

○元贞元年五月吴淞水 九月大水 府七

○大德三年六月水 府七 ○四年饥 府七

○十年五月水害稼 七月大风海溢 漂民庐舍 府志 ○如民至

佑家庐处怨作富喝此物处之则止 ○去处又坐三日乃

止 ○也 ○八月高御钱发 县今太十一

祥八

二十一年。吴中饥，死者蝗。平田皆满，稻穀蕩尽。明年海贼至

九六大饥，割掠杀人祭血。《丰仁纪事》府志三之

至治二年十一月，大水，损民田四千九百六十顷。府志

天历元年八月，大水，没民田。府志

二年冬，大雪，太湖冰厚数尺，人履冰上行洞庭，柑橘冻

死。《吴门补乘》《吴县志》

至正二年，大水，由东淹，大风驾太湖水涌入民户，没

刻伤稼，漂民口，溺死。《吴江志》十一

○八年四月大水 府志

○至正十五年正月二十三日[illegible]

○二十二年○時民張明二家豕生白象三日死

○二十五年連歲大水 府志

○二十八年饑 府志

○二十九年水 府志

[illegible]

○八年十二月水 府八

明

○洪武六年饑 府八

○[illegible]一年七月海溢人多溺死 府八

○[illegible]十三年九月海風自北來拔木[illegible]沙土平圍郭皆[illegible]

[illegible]

○景泰二年六月水 府八

○[illegible]

○成化三年四月旱 府八

祁九

○洪熙元年夏積雨傷稼 府八

○正統二年二月吳芳洋池瑞蓮一莖三花。八月太湖水怒

○天順四天許，浪洞夜出蘇冡起，長五丈，以丈之

四年七月大風拔木 云云 府八

○八年大風雨傷稼。承天寺仁寺災 吳志

○九年大饑 府八

○十四年大水無秋。吳志

○是年建小西行巧上得一銀筒。篆刻不明。吳志

○景泰五年正月大雪連四旬。凍餓死者無算。府八 夏大水漂

洪甲戌生秋，元旱，南鄉畝禾，大饑大疫。[illegible]

六年春饑。[illegible]

成化壬寅，歲大稔，沿橫山林木敷代張氏。[illegible]

成化四年六月，府學明倫堂前方池中蓮花一莖並四蕊。[illegible]

十年五月，東山崖崩，水暴漲，徑海寺金剛像走出。[illegible]

十一年四月地震，八月大雨，[illegible]

十二年八月[illegible]

十七年春青[illegible]

弘治四年[illegible]漁人網得一物，形如鱉，首直屋，目赤，大如[illegible]

數鴨狀如犬，漁人怪之，擲數百不死。[illegible]

咸[illegible]年[illegible]夜[illegible]林[illegible]死[illegible]

十九年秋大稔。利[illegible]林之志

二十三年冬[illegible]汤城[illegible]家[illegible]鸡生卵，六[illegible]

弘治二年九月，木渎民陈姓家母鸡化为雄。吴县志

弘治四年八月水。

五年夏至五月大水，太湖泛溢，田禾尽没，民多流徙。大疫。吴县志

十年大[illegible]也。吴志

八年饥。

十六年[illegible]四月雨雹。六月大旱，禾尽槁死。十二月雪

祥十

沅田庚金秋元旱方鄉荒榜大饑大疫（具以志）

六年春饑（尤甚）

癸尤旱地震歲大祲沿橫山樹木斬伐殆盡（有素者樣）

成化四年六月府子明倫堂前方池中蓮花一莖四蕊（具志）

十年五月東小產城北希張陸海寺金剛頭出舌口（具以備案）（有具之志）

十一年四月地震八月大水（有去年橫山來）

十三年八月至十二月大旱無禾（具志）

十六年正月大小異志（山崩折斷山北川水具志）

未半鳩逢橋匯人間得一物豎首魚尾目鼻如犬四足

數鳴狀如犬傷人搖之數穀百不死（具紀志）

祥十

六年癸亥中秋夜，東北有赤氣如匹練，尤異，久乃滅。

十九年秋大旱，禾盡無收。吳志

二十三年吳縣湯姓民家雄雞生卵。二十日野縣

弘治二年己酉九月，木瀆民張姓家母雞化為雄。吳縣志

弘治四年辛亥八月水溢。

五年壬子春至五月大水，太湖泛溢，田禾盡沒，民多流徙，大疫。吳志

七年甲寅大熟。吳志

八年饑。府志

十六年癸亥四月雨雹，五六月大旱，禾盡枯死。十二月雷。

〇除四五月洞庭湖山摇，是日，海灵逃禄。吴志二

〇弘治四年，洞庭湖溪水小，自移离旧址约数亩，其肯入林内。

唐母猪产弼首人身。侯 吴志三

〇十八年九月甲午卅雪。府八

〇正德四年饥。府九

〇五年秋，大风从东南来，太湖东偏水涌三十里，至三日。正九通什紫岭等年

〇七年春大雷雨冰如雪，小麦尽。吴门猫来川吴志

〇七年旱。府九

〇十二年大雨坏麦禾。府九

祥十一

○光緒元年春旱河渠枯涸三月至六月大雷雨成巨浸七月二十五日巳刻天冥風雨雷電交作一霎狂飆飛揚屋瓦木盡拔吳西水濱沿湖宅廬人畜漂沒同時少壯樹木隨風者岸潭生云陰沉水面但見臨湖皆大（天志三）

○二年五月大旱民不得播七月大風拔木湖溢漂溺民屋（同上天志）

○三年四月辛巳地震兩次

○四年春秋旱不燃生禾根食木凡盡地罕秋毒大荒殆沖天（若如志の）

○吴江核人某孙才脑下座内讹剽视之一儿疣然 亦九

十○二月地震 编生白毛 吴江志 ○七年大旱 吴门補来

光绪三年六月

八年地震入境 傷稼 高鄉尤 竹無存 梅遍節 七月大風

四三日夕外生死 吴志

十○十月 全鄉書院 壽吳拆錄 代人 謠 吴志

九○年旱 亦九

十○上年三月 戊寅 蘇州地震有聲 吴门補 [illegible] 化宗怀

十○十八年四月二十二日午 [illegible] 大雹 [illegible] 陰 [illegible] 手注桐上

梓三

俄佚烈焰勝，延至正堂、后後廳架閣庫東西二廳，悉付煨燼。府志和記の九之坪川雜話

○二十四年，大旱，太湖水涸，民有得軒轅鏡于岸畔，橋表

全荒，人食草根樹皮，大疫，中從死相藉。吳志の

○二十八年春，太湖復涸。吳志り

○三十三年，四月日本特有志圖め日を殺百ら自相殘。

日上有物窟之，狀如月，曉如星，ハ光焰燭之。吳志四

○地震，生白毛，長三尺。

○四月二十三日，夜二鼓，有

外白渡桥 お姉 宵飲 方陸 大旱 候其飯

○二十四年冬 民間桐鹭猴戴云久而思 大旱り

○二十五年十月六牧鸣其声又起 吴志り

○三十六年夜有陕八曹佩好猴坐堂前其不诗符况夜人人知

俊八西目我默れ盖始見轰隆境内唱紅胡琴渾掉妤

人言聚人私 吴志り

三十八年夜大旱歲大涝 吴志り
八郎世無法東 ...

四十年初店佩鄉大涝城外仁恕佩佃戈半都外孩十

補十二

甲午桐大旱，蝗蔽空，饑殍相枕，又疫癘大作，交并而至。

明年二月始退。吴志六

○隆慶元年大饑。府志九 [illegible]

○二年正月朔，大風，飛沙走石，白晝晦冥。吴志六

○三年，閏門內劉氏庭前，開花數牡丹。○[illegible]

○萬曆三年九月水。府志九　○五年六月大雨雹，又冬大凍。府志九

○七年九月，風雨大作，湖水湧，拔木傾屋，漂溺民畜。吴志六

○十月四日，蝗蟲蔽地，小麥相繼盡，兩月乃止。吴志六

○八年亢大旱，太湖水涸，自胥口至洞庭山下俱可马行，山人皆履而前行。吴门补乘引吴江志

十○年七月，大风雨，拔木，太湖溢，伤稼。吴县志六

十○四年大饥，米四石价一两。吴县志六

十○五年五月雨至秋七月，淫雨伤禾稼。府九　五月

十○六年大旱，太湖为陆地。府九。城太湖长桥东十六里大风雨下月成白浪，禾苗淹烂，府志隆庆间大饥米价倡乱，贼作其寨衢，湖滨蚁聚，舟行如市，贼伪称渔船出入湖中，九

未知确否，姑以此入作考。

十○七年，乱，大旱，赤地无青，太湖石湖皆涸。吴志七 吴门补乘 漆城湖

〇二十八年九月[illegible]戌刻大雷有大斗星流光其長[illegible]聲如霹靂大震地[illegible]有聲 祥異

〇十九年夏六月大水溺人無算

〇二十三年五月雷震南門譙樓[illegible]南簷脊磚栝石[illegible]其門樹亦[illegible]

擊去西牆[illegible]雨[illegible]其[illegible]中部[illegible]上往先是民謠云[illegible]

[illegible]霹靂震[illegible]閣門人家[illegible]

〇二十八年五月雷大大作其大風吹樓[illegible]城垣三四丈[illegible]

瓴瓦將飛

〇八月地大震自西北至東南房舍俱動訇然有聲如雷

〇二十九年夏淫雨傷麥是歲饑民[illegible]

〇三十四年六月有星如斗大[illegible]東北隅下其聲如雷

後不究。天志也

〇三十五年。五月。每夜西南天有一星。光亘丈余。至八月始灭。天志

〇三十六年六月。有星如斗。从西北大星落空中。如炮响声如雷。

〇月 從西落不見。後其中生細煙。飛散約一時。天志也

〇三十七年二月。關內城樓災。延燒城內大火。延燒至城內五

下停救。〇八月二日。有巨星光。西北方。亮後見。天志也

〇四十五年七月。夜東南天有白氣上衝。長數丈。廣數尺。

既而出接。狀如日月。後西滅。〇十二月。大雨。常寅交。

禪十五

○四六年九月二十三日五更時火內天際狀白光如虹長四五丈

度四五尺十月有星大如拳光二丈條日出不見至十一月終

方滅 吳志八

○赤烏元年八月中日晡時輒有青虹白相摩盪月餘乃止 吳志八

○天紀四年二月天黃白從西光有聲下摩盪于青空中

叫嘯之聲鳥獸騰 ○五月深夜業雨漆四十八之 吳志八

○○年七月朔大風拔木傾屋 吳志八

○七年六月有星大如碗從東入西北、而去 吳志九

八月，飞山廿霜降，杀谷林木遍满。吴志九

崇祯二年，四月地震。闰四月又震。十一月，南门火，

延烧三百余家。○三年之四。二月朔日，日生两耳，一时方晴。

雨大雹。吴志九

六年，二月雨雹，三昼夜。六月，大风雨，拔木，拔学宫

寺院，皆飘裂，坊杆尽折，倒屋垣无算，城垛亦崩，伤诸

老僧，俱压毙。秋大水。吴志九

八年，旱。吴志九

九年，春大旱，大热，行人多暍䀹僵死。吴志十

祥十六

五十三年大饑 府志十

二年秋[illegible]苗稼[illegible]灾 吴志十

十四年夏[illegible]瑞[illegible]一茎方尺[illegible]长二寸状如[illegible] 吴志十

十五年二麦大稔 吴志十二

十六年旱 吴志十二

十七年[illegible] 吴志十二

雍正二年闰四月每夜[illegible]月[illegible] 吴志十二

四年饑 府志十

七年秋大风田禾尽偃 吴志十二

[illegible]年正月[illegible]地震 府志十

九年四月三日大雷电[illegible]大[illegible] 府志十

○十年正月有紅星之芒文體狀如帝星小星相隨東南行至西北陡。天文十二

○十五年八月丁丑地震大風大水。五行十

○十七年旱無禾。天文十二

○宣德元年歲大旱。五行十

○二年夏[illegible]秋[illegible]下田多虐。五行十

○三年十月朔[illegible]星見[illegible]

○五年十二月朔黃山地震八日又震。五行十

○七年[illegible]月甲申黃州地震有聲如雷[illegible]又震十二月丙子地又震。五行十一

九年六月戊子雨雹 宋二

十一年八月蝗 宋志

十三年夏大水 宋志

大雨不止，城巨屋四五十，傍民饥。

十六年正月朔雷 宋二

十八年正月朔雷电

十九年正月朔雷

十月，彗星见西南，历陈阴月，成二月，又见西北，白气如虹，长竟天。

十年大旱，四禾尽槁 宋五十三

苏州地震 洪志十一

十五年五月朔，太白昼见，贼陷

十一月，地震，有声如雷 吴志

十七年二月，太白经天

十一月，地震 洪志

夏旱，自五月至八月，和蝗伤稼 洪志十一

夏大疫

秋，大水，下田尽没 洪志十一

十二月風 吳志十三

〇二十一年歲大饑。吳志十三

〇二十八年秋蟲食禾 宋志二

〇三十七年七月大風拔木，平地水丈餘 宋志十三

〇四十五年歲大稔

〇七月望地震

〇四十九年大水 宋志十三

蔣山師妖捕捕人，不能玉入室，立而自殺，以陰者三百餘人 吳志十四

〇二十年歲大饑。

〇二十二年春淫雨麥害 〇三月雹 宋志十二

〇二十五年夏大風傷稼 宋志十二

〇二十六年正月朔雷 〇秋大水 吳志十三

〇四十六年大旱，自四月不雨至七月 宋志十二

〇吳江宋濱民謝君家女子化為丈夫 宋志十三

〇五十二年十月閶門外南濠火，延燒二萬餘

祥十八

有虎闯南门入城，噬于王氏口，涉闻中，伤人无算，官为绅捕。

据户屋瓦以嘉著置镜，用[illegible]记。

五十三年五月大旱。府志

六十一年夏大旱。府志

雍正元年夏旱。[illegible]

六月十八日[illegible]侯。旧府志

二年五月蝗。

三年岁大稔。俱府志

四年八月淫雨[illegible]。旧志

五年三月[illegible]。府志

五年十一月木冰，是岁大稔。

七年岁大稔。俱府志

八年五月[illegible]。府志

十一年痘疫大作，人死甚众。[illegible]

○十二年四月大雨雹損麥苗。兩十三

○十三年七月龍見於城隍廟，拔廟前旗杆。有風行次向東卷去。吸至半空，僅於樑途卷行去中許。石象沺以利城女牆去。

補祥儀編

〇乾隆元年冬十月梅杏桃李皆花 吳志十六

〇三年九月壬子大雨雹傷木 新志

〇四年四月丙戌大雨雹損麥 新志

〇六年八月范文正公祠內瑞花綻 吳志志

〇八年秋有星見西陸光沖斗又月餘向東三月乃止 吳志志

〇十一年六月丙子己卯庚辰三日雨雹 府志

〇十三年吳山山長老黃友文妻一產三男 本地備考

祥儀一

○十二年二月武山米斛貳一庚二另

○十九年五月十日閣門外大火自鶴橋至鶴王清(?)史燒至一千

餘家悉被焚

○二十年二月至四月雨麦苗腐六月六日蝗蝻生傷稼 十

○三月庚子朔地震 府志

○二十一年大疫米價騰貴民笑(?)剝樹皮為食 府志

○十月六日閣門外施家浜大火延燒房屋數十家又南濠大火一晝夜始熄

○二十七年七月大風拔木壞廬舍下田禾皆淹 府志 然書(?)稿 謝(?)

二十八年五月甲申地震。府志

二十九年正月丁巳地震。五月己卯地又震。府志

三十年正月甲寅地震。府志

二十一年秋[illegible]……

三十三年[illegible]……湖[illegible]……吴门补乘

三十三年自三月至八月不雨，东太湖涸。四月己亥雨雹。府志

三十四年六月雨，太湖溢，平地水数尺，田庐之岁饥。府志

三十六年十一月戊寅大雷电。府志

四十年，秋冬雨，东太湖竭，渔者于湖中得骨一具，棺浮湖底。[illegible]

西山人家竹生实，状如枸杞。俱吴门补乘

备考正向

[illegible]

○四十四年庚子时疫黄大翁家(?)…[illegible]…中有鬼六(?)…[illegible]

○四十六年六月己丑飓风大作海潮至青江 府志

○四十七年六月庚寅地震 府志

○四十九年大旱米价(?)翔贵

○五十年大旱河港涸蝗蝻生岁大饥 府志 ○二月初十

西湖中五夜闻人声喧嚷如数万人临阵[illegible]左近居

民皆[illegible]…[illegible]

○五十六年大疫 府志 ○五十五年十二月壬戌大雷电 府志

五十七年五月蝗不为灾 ○五十九年(?)…[illegible] 府志

补修：

五十八年，杨桥港刘桂为见春厨渡虎人，杨毋额于执刀割杀。

自称人族请之及东戴村杨介之妻去世五十余人，三人之死。[illegible]

五十九年五月，新门于空中风内降，及天岁加里撤开洞庭

湖滨民居并数压毙，此子[illegible]到井三年池旧五之。

七月壬辰大风，饮食寒兆冬，雨于。

[illegible]

嘉庆元年正月丙辰丁巳雪坚寒伤果桂，雨于。

七年五月雨积水，六月伤稼，雨于。明年一带，被灾大疫，[illegible]

十九年旱地生黑毛，雨于。

二十一年大水，太湖[illegible]

[illegible]

二十二年青门来远桥潘姓家有老鹤畜于庚栅其声数人言

化去某属男癞今乃于倭国拯如洋飞回此故[illegible]道光二年

潘姓火大老鹤庚栅俱焚死（钱泳笔记）

二十三年五月伊子大雨雹[illegible]

二十四年三月[illegible]

江塞大雨成灾秋亦不收米每日一石五六月七月[illegible]

秋间[illegible]（钱泳笔记）

道光元年大瘟疫[illegible]

[illegible]

补续

○秋，益州有猿之奇者喜多，一猿而知上保生不古立不丹害气

上天钱洒恭试

○三年大雨藏大饑　七月甲戌至逢小雨不保不乃

是年十月闽门外[illegible]

是年四月雨雹云云

○十三年淫雨害稼　[illegible]

○十二年自夏徂秋不雨　[illegible]

○十九年大旱多雷电大雨[illegible]

○二十一年冬大雪平地三尺[illegible]

二十二年[illegible]

○二十二年夏[illegible]峰鸣岩饿大雨山水暴涨[illegible]峰寺金刚

蚊虎在六甫亭侧巨石书记长十余丈太[illegible]

三年丙辰春不雨[illegible]旬[illegible]蝗一过[illegible][illegible]食[illegible]苗[illegible][illegible][illegible]道[illegible][illegible][illegible]屋[illegible]一[illegible]

二十六年六月乙丑地震有声

二十七年夏，有虎千百浮太湖来，聚宜兴白马、福兹湖滩，越日乃去，太湖傍者獲焉。九月辛亥地震有声

二十九年夏大水，平地水深一二丈，田庐漂没，有足纪

咸丰二年十一月壬子地震有声

三年，苏州城北某氏家夜分雞乱啼，中格格有声，起视之，一纸人倒仆于地，一手挽雞，一手袖雞毛，以火焚之，[illegible]近亦视共頹骸并

说者谓即所谓一付手栓厌蛊之雞，无不被杀刀

黄承蘇瀛珠仙随笔记

祥異五

○三月辛亥[illegible]地震，云云　府志

○是夜大[illegible][illegible][illegible][illegible][illegible]

○五年十月辛丑地震　府志

○六年秋大旱七月蝗　云云　府志

○七年七月郡蝗大[illegible]　府志

○九年五月大雨[illegible][illegible]田中[illegible][illegible][illegible][illegible][illegible][illegible]　府志

○十年二月陰雨元月三月乙亥大雪　府志

十[illegible]年五月[illegible][illegible][illegible][illegible][illegible][illegible][illegible][illegible][illegible][illegible][illegible][illegible]

○十一年十二月大雪平地積[illegible]五尺太湖冰半月[illegible]乃太湖[illegible][illegible][illegible]

○[illegible][illegible]元年[illegible][illegible][illegible][illegible][illegible][illegible][illegible][illegible][illegible][illegible][illegible]人[illegible][illegible][illegible][illegible]十[illegible]

○[illegible]年八月[illegible][illegible][illegible][illegible][illegible][illegible][illegible]年乃復太湖[illegible][illegible]

○七月甲申[illegible][illegible][illegible][illegible][illegible][illegible][illegible][illegible][illegible][illegible][illegible][illegible]

○二年六月大旱[illegible][illegible][illegible][illegible][illegible][illegible][illegible]

○三年六月己卯大[illegible]雪　云云　府志

十一年三月雨雹大如拳 太湖備考 俟

十二年夏旱 太湖備考 俟

十三年五月下雨至六月中間每黄昏時望見火西北方黎明隱見東北方 陳卜宝訪聞

光緒二年六月地震

七月民間訛言紙人魘魅徹夜驚擾人獲妖人伏法乃定 太湖備考 俟

三年五月二十三日大風屋瓦皆飛 雲光陳紫生訪畧

四年十一月初八夜白虹貫月 陳卜宝訪

五年二月陳光寺塔尖大風摧折 周鉞祖日記

譚俊亦

○六年二月廿五日，白虹長亙天。續東華錄冊

○七年六月廿四日戌刻，彗見於東北方。二（四月十四日，彗星長丈餘，大如椀，見西北方，至七夕乃滅）

○八年八月，彗見于東方。同上

○九年秋，寧司衛藏，以植物丹鬼放保其荷葉一包。書寫詩存 餘論序

○四月二十日，黃霧，白虹亙天。續東華錄冊

○十月朔，日出時紅光燭天，比曉對時乃熄，月餘乃止。同上

○十一年十二月，大星隕于東北方，聲如雷。同上

○十四年秋，疫。九湖鎮志

○十五年，淫雨，自八月至十一月。同上

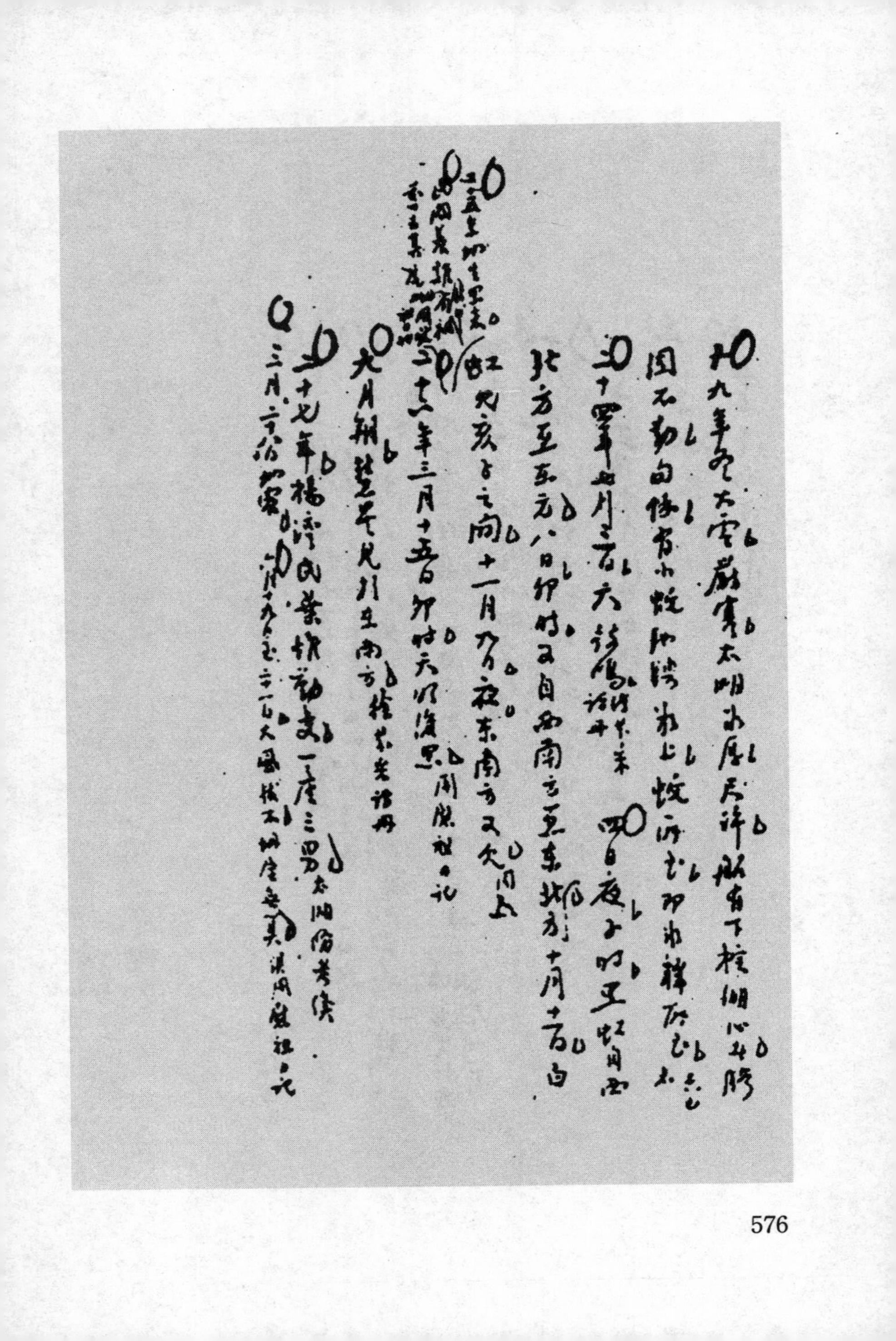

璘涤七

八月十六日白虹贯月 六月十六日白虹贯日 夜未来访之

二十六年五月二十六日黄昏时黑虹自东南方至西北方 七月十五

辰时白虹贯日 仝上

二十九年九月一日雲霞山大大雨鬼祖 日沏 十二月二十六日夜白虹贯天

往来未访姓

二十八年正月二十日亥子之间黑虹自东南方至西北方 六月十五夜

黑虹现西北方

三十一年三月十二日晚雨霞偶见白虹 仝 三月十二夜自初白虹贯月 仝上

西北方侧见白虹 风雨后日记

三十三年六月十二日辰初酉初西虹贯日 二十八日 ……仝上

三十六年四月大风 ……初八日夜月作红色 风雨日记

○三十四年六月二十四日皆昏見於西方○八月二十四二十五兩日卯時○

○白虹貫日○　元年十二月二十四日白虹貫日○　○十二月十四日皆昏見於東方　俱用欽祖日記

三○宣統三年五月初九日亥時天鼓鳴○八月朔日辰刻星見於東南方○

流星直射西北墜文○　○八月太白晝見在上

二○二年二月二十八日○　○十月初九日

橫溪録

（明）徐鳴時纂

明鈔本

越城橋之句

國朝

嘉靖三十三年島夷寇蘇掠鎮焚剽殆盡　上勅都御史曹邦輔巡按周如斗便宜征勦備兵臬副任環參將盧瑝李翔屯兵鎮上三年殄滅之時吳令康公選勇士出入蔽翼鎮民朱良玉為冠良玉故屠者其人獨謹恪精拳藝而不肯拔之子軀幹短小長洲令公亦選山東驍卒數十人自衛皆頎偉好與康公部角勝良玉以臂驅之無一人免者

水患

蘇以震澤為壑而澍雨彌月則山水奔放而澤不
能受瀆湖之家雖害最先獨昔勤疏治今懈坊堤
同為魚鼈而有幸不幸矣條洪武以來災二十

洪武九年秋八月

蘇志長洲民俞守仁狀言蘇州之東松江之西皆
水鄉地形洿下上流水迅發雖有劉家港難泄衆
流之橫瀆張氏開白茅港與劉家港分殺水勢自
歸附來十餘年並無水害今夏淫雨山水奔注江
湖增漲況常熟崑山之民於白茅四近崑承湖南
諸涇及至和塘北港汊盡為堰壩不使通流雖曾

開浚隨開隨堙宜浚治官府從之

永樂二年秋八月

蘇志　上憂蘇松水患命户部尚書夏原吉疏治

尋遣都御史俞士吉賫水利集賜原吉使講求拯

治之法以聞既得請集民丁開浚崑山東南下界

浦掣吴淞江水北達婁江復挑嘉定四顧浦南引

吴淞江水北貫吴塘亦由婁江入海又浚常熟白

茅塘導諸水入大江

正統五年夏六月

時全郡被水蘇志　上以廷臣言命巡撫周忱便

宜處置忱相視嘉定吳淞江直流百里餘東連大海西接太湖而北平坦滋生草蔓民因開墾成田江水雍塞不能通流乃親往上江立表于江心督民挑修崑山顧浦水得疏洩

七年秋七月十七日

蘇志時颶風作巡撫周忱預奏量留官糧府一二十萬石縣五六萬石賑濟各處低圩岸塍俱被衝塌先是水利等官已為巡按何永芳奏革忱奏取曾經任過辦事官一二十員准其歷俸年月董修田圩開挑河道畢日送吏部未半事完

景泰五年夏六月

蘇志大水渰浸田禾經久不退侍郎李敏知府江濟議開白茅等塘以洩之濟躬往常熟相視時久不疏濬壅成堤堰堰下皆為田民卧泣其上以求免濟不詳強之挑濬青墩浦横瀝塘共五六里以通白茅塘鑿開三堰約三四里引水通鮎魚口挑海口淤塞漫生叢葦處千餘畝水得歸海

天順八年

蘇志巡撫崔恭親詣吳淞江督工挑浚分江為三段崑山縣自夏界口至白鶴江挑四千六十七丈

上海縣自白鶴江至卞家渡挑四十六十七丈嘉
定縣自卞家渡至莊家涇挑五十五百六十七丈
江深一丈一尺面濶十丈二尺底濶四丈出舊江
一萬三千七百一丈

成化五年

蘇志吳令樊瑾以香山西南瀧阪間舊有河名九
曲港者淤塞已久開濬三千八百五十餘丈

八年

蘇志時置僉臬于浙專治蘇松水利檄吳令雍泰
治㳂香涇廢堰泰於穹窿山瀧阪間為一堰下分

二道東西流注瀦聚成潭又隨地宜甃砌石堰二
百所堰各置閘隨水旱而啟閉之又發錢市山石
由馬山西南而東築護堤千餘丈

十年春正月

蘇志巡撫畢亨知府丘霽浚吳淞江面濶一十四
丈五尺底濶八丈五尺深一丈二尺自夏界田起
至西莊家港嘉定縣分挑六千三百五十三丈六
尺崑山縣分挑五千三百五十三丈七尺用夫四
萬六千八百三十名

弘治四年

五年

七年

時連歲大水蘇志　上以廷臣言於八年正月勑工部侍郎徐貫主事祝萃會同巡撫何鑑知府史簡尋訪水道以吳江萬六千人開濬長橋水竇疏太湖之水以及吳淞江蓋江口淤塞處已爲民田又叢生葦荻延數千畝至是墾除之以長洲吳縣崑山常熟嘉定等縣十萬五十餘人挑濬白茅港并斜堰七浦塘共長二萬四千餘丈又東開鹽鐵塘十八里西濬尤涇七里民夫皆給口糧計八萬

八千二百六十餘石縣是諸涇港皆貫於白茅而

水有歸矣

九年

蘇志工部主事姚文灝築沙湖堤廣三丈長三百

六十丈

正德五年夏五月

時湖水橫漲五十日始退

嘉靖四十年夏閏五月

時水勢更大于正德五年冬十月未退田禾全沒

萬曆十六年

三十六年夏四月

時淫雨湖水泛溢臨河之家户内水深一尺高秋

始退田禾全没徵

天

啟四年夏五月

父老謂水尢大于嘉靖四十年有水痕可記也田

禾全没徵○先已未冬豫章萬公谷春来涖吴勤

撫字緩催科民食其德已五載至是米價涌貴市

肆閉糶飢者洶洶公亟發巨室所貯米數萬斛平

糶鎮得一千石賴以安

六年秋七月朔

黄霧象 [illegible] [illegible]

天乃大風風起連雨後自東南掃西北近海淹千百家水騰湧丈餘山中百餘年木偃仆殆盡大耋之老所未見也時蓼洲公柩自京師歸

七年冬十月初七日

時子夜怪風發湖波怒捲注鎮明旦震澤之民覩湖西南涸土現行者扶杖過之普福橋南水騰一丈色異黑禾方刈盡漂然再宿即平吳江有簡村是夕數百戶俱盡老幼相抱而死漂尸百里

紀異

怪力亂神聖人不語續羊萍實又其至辨何也錄

有據者數條

隕星

星隕地為大石今在黄山北岸䨓山南俗稱獅山其東名落星涇蘇志隋大業十二年五月有大星隕吴郡為石占曰有亡國有為王有大戰破軍殺將後大軍破劉元進于郡斬之又感應錄元進據吴郡江都丞王世充發兵擊之有大星墮江都未及地而南磨拂竹木皆有光飛至吴郡而隕元進惡之令掘地得一石經文按綱目所紀破元進之事殊多與志不合而志所引者云隋書也又莫可辨其

是非獨落星之名前代已著雨石固哀然存耳劉向條災異曰夜中星隕如雨師古曰事在莊七年夏四月辛卯又曰五石隕墜六鷁退飛師古曰僖十六年正月戊申隕石于宋然則前乎隋已有之事殆非妄也

鬼羊

嘉靖八年屠者孫貴夜半入城至興福庵忽遇一羊呼不至麾不去次夜往復然捷擒而市于城頃之其家惟存一炭

墨雨

嘉靖十二年正月二十八日鎮大雨色純黑一日
又乃止

怪畜

嘉靖十四年鎮東何貞家生一羊兩頭四目斃之

異乳

嘉靖三十五年鎮東張道士妻一胎產五子怪而
弃之張國巫祝能誦經故人呼道士令余先人所
葬地即其遺址

地鳴

萬曆末鎮西陳氏園中地忽聲壯如牛鳴人聚聽

黃奐采　叁五　乙

[illegible]

之移他處二三時方止

兩頭蛇

萬曆末蛇出費家村見者惧有殃聚衆斃之無咎